Deutsche Physiologische Gesellschaft

39. Tagung (Frühjahrstagung)

am 12. und 13. April 1972

in Erlangen

Referate

ISBN 978-3-662-38651-4   ISBN 978-3-662-39509-7 (eBook)
DOI 10.1007/978-3-662-39509-7
Softcover reprint of the hardover 1st edition 1972

INHALTSVERZEICHNIS

NAMENVERZEICHNIS

(Zahlen = Referatnummern)

1

POTENTIOMETRISCHE CA-IONENANALYSE IM SERUM, NORMALWERTE.

POTENTIOMETRIC DETERMINATION OF IONIZED CALCIUM IN SERUM.NORMAL VALUES

Fuchs, C.,K. Paschen, D. Knoll, D. Peters, C.v. Westberg und P.G. Spieckermann; Göttingen, Physiologisches Institut I

Das Gesamtkalzium im Serum liegt in 3 Fraktionen vor: proteingebunden, komplexgebunden und ionisiert. Nur das ionisierte Kalzium (Ca^{++}) ist im engeren Sinne biologisch aktiv. Ältere Methoden zur Bestimmung dieser Fraktion mittels Colorimetrie, Ultrafiltration, Ultrazentrifugation oder Bioassay erfordern z.T. große Probenmengen, sind zeitraubend, technisch aufwendig oder schwer reproduzierbar. Seit kurzem steht uns eine Ca^{++}-selektive Durchflußelektrode zur Verfügung, mit deren Hilfe die Ca^{++}-Konzentration im Serum unter streng anaeroben Bedingungen potentiometrisch zu erfassen ist. Die Probengewinnung erfolgt in vollevakuierten Vacutainern[R]. Durch pH-Änderungen bedingte Verschiebungen in den Ca-Fraktionen sind mit Hilfe dieser Entnahmetechnik weitgehend ausgeschlossen. Die Elektrode wird mit Na^+- und Mg^{++}-haltigen Ca^{++}-Standards geeicht. Anstelle einer graphischen Auswertung der Eichkurve lassen sich die Ca^{++}-Konzentrationen im Serum anhand einer leicht programmierbaren Formel exakt und einfach berechnen. 15 aufeinanderfolgende Messungen eines Poolserums ergaben einen Variationskoeffizienten von 0,5 %. Bei 81 Studenten wurden Normalwertbestimmungen durchgeführt. Die Ca^{++}-Konzentration lag im Mittel bei 2,43 ± 0,094 mval/l. Die Variation entsprach einer Normalverteilung. Der Anteil des ionisierten Kalziums am Gesamtkalzium betrug 49,7 ± 2,18 %.

2

NON-IONIC DIFFUSION OF ANIONS ACROSS THE RED CELL MEMBRANE
(Nicht-ionische Diffusion organischer Anionen durch die Erythrocyten-Membran) B. Deuticke

In order to obtain experimental criteria for distinguishing anions which penetrate biomembranes by non-ionic diffusion from anions migrating in the ionic form, net exchange across the bovine red cell membrane of monovalent organic anions with cellular Cl^- was studied. Rates of exchange proved to increase in the order: sulfonates $\ll$ α-hydroxycarboxylates $<$ α-ketocarboxylates $\ll$ unsubstituted (fatty acids) and aromatic carboxylates.
According to their transfer characteristics these anions fall into 2 groups: A (sulfonates, substituted carboxylates $< C_4$) and B (substituted carboxylates $> C_6$, unsubstituted and aromatic carboxylates). In group A the characteristics of net transfer correspond to those of many inorganic anions: activation energy $\mu > 26$ kcal/Mole, high sensitivity to inhibitors and temporary extracellular acidification during the exchange, due to OH^- movements induced by a shifting of the Donnan equilibrium. In group B μ is 12-22 kcal/Mole, inhibitors have little effect and pH temporarily shifts to alkaline values during the exchange. Moreover, transfer is greatly retarded by acetazolamide, which inhibits carboanhydrase but does not influence anion permeability. These characteristics provide the evidence that non-ionic diffusion is the main mechanism of transfer in group B, whereas ionic diffusion, the only mechanism in group A, contributes only little in group B.
Supported by the Deutsche Forschungsgemeinschaft (De 168/3)

Prof.Dr. B. Deuticke, Abt. Physiologie, Med. Fakultät, Techn. Hochschule Aachen, D 51 Aachen, Alter Maastrichter Weg 1

3

BUFFERING PROPERTIES OF RED CELL SUSPENSIONS WITH VARIATIONS OF
HEMATOCRIT (Puffereigenschaften von Erythrocytensuspensionen bei
Veränderungen des Hämatokrits) P. Nissen, N. Heisler, J. Piiper

To analyse the effects of variations of the intracellular/extra-
cellular space ratio on buffering properties of tissues, cattle
red cell suspensions in Ringer solution were equilibrated at P CO_2
varied from 14 to 105 mm Hg at 37°C. The intracellular pH was determined by the DMO method.
(1) The following intracellular-extracellular (i/e) relationships
were found (pH_e range 7.0 to 7.8):

pH_i = 0.721 pH_e + 1.873; $(a_{H^+})_e/(a_{H^+})_i$ = 3.728 - 0.415 pH_e.

In control conditions (pH_e = 7.40, P CO_2 = 40 mm Hg) pH_i averaged
7.21. These values are in the range of literature values.
(2) In the hematocrit range from 0.40 to 0.05 changes in the i/e
relationships with the hematocrit could not be demonstrated.
(3) The "true" buffer value of red cells (=HCO_3^- formed per cell
volume per ΔpH_i) averaged 67 meq/(pH·l red cells) = 93 meq/(pH·l
red cell water).
From these relationships the extent of red cell-plasma bicarbonate
transfer and its effects on the "apparent" buffer value of each
compartment (=HCO_3^- concentration change per ΔpH) were derived.With
decreasing hematocrit the ratio HCO_3^- transferred/HCO_3^- formed ap-
proached a maximum, which was lower than unity, and therefore the
"apparent" red cell buffer value reached a finite minimum value,
about 20% of the "true" buffer value.

Dr. N. Heisler, Abteilung Physiologie, Max-Planck-Institut für experimentelle Medizin, D-3400 Göttingen, Hermann-Rein-Str. 3

4

DIE NAHRUNGSABHÄNGIGKEIT DES SÄURE-BASEN STATUS BEIM HUND
D. Lang, Ch. Scholand

An 140 wachen Zuchthunden (Beagles) wurden im Jugularvenenblut
folgende Werte bestimmt: pH, pCO_2, pO_2, Basenexcess, Pufferbasen,
Hb, Hkt, Lactat, ß-Hydroxybuttersäure und 5 plasmaunspezifische
Enzyme (LDH, SDH, α-HBDH, SGOT, SGPT). Während die Plasmaenzyme
im Bereich der Normalwerte des Menschen lagen, zeigte der Säure-
-Basen Status häufig eine ausgeprägte metabolische Acidose, die
vor allem von der Art des Futters und dem zeitlichen Abstand zur
letzten Fütterung abhängig, jedoch weder auf einen Milchsäure-
anstieg noch auf eine Vermehrung der ß-Hydroxybuttersäure zurückzuführen war. Alter und Geschlecht hatten nur einen unterge-
ordneten Effekt auf den Säure-Basen Status. Ein Vergleich mit
Daten aus der Literatur zeigt, daß sich bei vergleichbaren
Fütterungsbedingungen rassereine Zuchthunde im Säure-Basen
Status nicht wesentlich von Bastardhunden unterscheiden.

Dr. D. Lang, Lehrstuhl für Physiologie der Universität,
D-8400 Regensburg, Universitätsstr. 31

5
THE TIME FACTOR IN MAXIMAL EXPIRATORY FLOW-VOLUME CURVES
(Der Zeitfaktor in maximalen exspiratorischen Fluss-Volumen Kurven) W.
Liese, D.H. Barer

The relationships between flow, expired volume and elapsed time during
forced expiration have been investigated by breathing gas mixtures of different densities and viscosities into a spirometer with rapid dynamic response,
which was connected to a photographic recording system.
It was found that the peak flow values were influenced mainly by the density
of the respired gas; typical values for the normal subjects ranging from 11.02
$lsec^{-1}$, attained after 160 msec and 1.0 l of expired volume, in the lightest
mixture (O_2-He), down to 5.36 $lsec^{-1}$ (reached after 190 msec and 620 ml)
in the heaviest (O_2-SF_6).
In a group of patients with chronic obstructive bronchitis the peak flows were
consistently reduced to less than 30% of the corresponding values for normal
subjects. The effect of gas density was similar but less marked in these
patients, who attained their peak flow rate at higher lung volume but after
approximately the same time as the normal subjects.
The results were interpreted according to a schematic model of the breathing
mechanism, and further experiments were performed to test the qualitative
predictions of this model.

Dr. W. Liese, Department of Medicine, Queen Elizabeth Hospital, University
of Birmingham, Birmingham B15 2TH, England

6
ENTFALTUNG FETALER LUNGEN BEI ERHÖHTEN OBERFLÄCHENKRÄFTEN
R. Rüfer

An 80 durch Schnittentbindung gewonnenen Zwergschweinfeten mit definierter Tragzeit wurden die Beziehungen zwischen Entfaltbarkeit,
Phospholipoidgehalt und Tragzeit untersucht. Der Phospholipoidgehalt (= Lipoidphosphatgehalt/g Lungengewebe trocken) verdoppelte
sich zwischen dem 90. Tragtag (2295±65 µg) und dem am 115. Tragtag liegenden Geburtstermin (5412±207 µg). Entsprechend zeigte
sich in statischen Druck-Volumen-Diagrammen der isolierten Lungen
dieser Tiere keine Entfaltbarkeit bei erniedrigtem Lipoidphosphat-
gehalt und regelrechte Entfaltung und Deflation bei hohem Lipoid-
phosphatgehalt. Die infolge erhöhter Oberflächenkräfte mit Luft
nicht entfaltbaren Lungen der unreifen Tiere ließen sich jedoch
mit Flüssigkeit entfalten. Den lebenden Feten wurde eine inerte
Fluorkohlenstoffverbindung (FC-75) durch kurzzeitige Flüssigkeits-
beatmung appliziert. Im Gegensatz zu Kontrollversuchen mit Ringer-
scher Lösung blieben die Lungen auch nach Entfernen des überschüs-
sigen Fluorocarbons mit Luft entfaltbar. Die extrem niedrige Ober-
flächenspannung (15 dyn/cm) dieser Verbindung führt offenbar zur
Erniedrigung der alveolären Oberflächenkräfte. Damit eröffnet
sich die Möglichkeit, derartig entfaltbar gemachte Atelektaselun-
gen zu beatmen und in einem zweiten Behandlungsschritt oberflä-
chenaktive Substanzen zur Substitution als Aerosol zuzuführen und
damit die Alveolarmechanik trotz der biologischen Unreife zu sta-
bilisieren.

Dr. R. Rüfer, Max-Planck-Institut für experimentelle Medizin,
Abteilung Physiologie, D-3400 Göttingen, Hermann-Rein-Str. 3

7

ANALYSE DES OBERFLÄCHENAKTIVEN MATERIALS DER ALVEOLEN MIT MIKRO-
METHODEN. <u>R. Reifenrath</u>

Durch Mikropunktion und Spülung von Alveolen isolierter Ratten-
lungen ist es möglich, ein von bronchialen Beimengungen freies
oberflächenaktives Material zu gewinnen. Die Protein- und Lipid-
analyse der a l v e o l ä r e n   Spülflüssigkeit im Nanogramm-
bereich zeigt mindestens ein Nicht-Plasmaprotein (Methode: Mikro-
diskelektrophorese) und Lecithin (Methode: Mikrodünnschichtchro-
matographie). Plasmaproteine sind im oberflächenaktiven Material
nicht enthalten.

Die Phospholipide Lysolecithin, Sphingomyelin und Kephalin sind
im oberflächenaktiven Material nicht nachweisbar.

In   L u n g e n spülflüssigkeiten konnten mindestens drei weitere Nicht-Plasmaproteine, nach ersten Befunden Glykoproteine,
bronchiolären Ursprungs nachgewiesen werden.

Dr. R. Reifenrath, Max-Planck-Institut für experimentelle Medizin, Abteilung Physiologie, D-3400 Göttingen, Hermann-Rein-Str. 3

8

Säure-Basen-Haushalt und Kreislauf unter vibrationsoptimierter
Diffusionsatmung.

P.P. Lunkenheimer, <u>I. Frank</u>, W. Rafflenbeul, H. Keller,
H.H. Dickhuth

Neuere Versuche zu der durch transtracheale Schwingungen opti-
mierten Diffusionsatmung erbrachten nach einer Schwingungsdauer
von 2-3 Std. regelmäßig eine metabolische Acidose, die wir
zunächst durch ein Nachlassen der Wirkung der Muskelrelaxation
und dem damit auftretenden starken Muskelzittern erklärten.
Aber auch bei genauer Kontrolle der Narkosetiefe, der Relaxation
und der Körpertemperatur war dieser Befund nachweisbar. Der zu-
weilen beobachtete plötzliche Blutdruckabfall, stets in Beglei-
tung von Herzrhythmusstörungen, bis zum Auftreten eines totalen
AV-Blockes, führte zweimal zum Tode des Versuchshundes. Diese
Befunde erinnern an ähnliche Zwischenfälle, die Lunkenheimer
und Keller bei pulmonaler und pleuraler Gegenpulsation beschreiben. Solche Zwischenfälle ließen sich dort durch hohe Dosen
von Antropin beherrschen. Da auch wir unter medikamentöser Vagus-
blockade die o. b. Symptome beheben konnten, möchten wir ihre
Entstehung auf eine Vagusstimulierung über Lungendehnungsrecepto-
ren zurückführen.

Dr. P. P. Lunkenheimer
Physiologisches Institut, FU-Berlin, Dahlem, Arnimallee 22

CO$_2$ EQUILIBRATION BETWEEN ALVEOLAR GAS AND PULMONARY CAPILLARY BLOOD DURING REBREATHING
(CO$_2$-Druckangleich zwischen Alveolarluft und Lungencapillarblut während Rückatmung)
J. Piiper, P. Scheid, J. Teichmann, F. Adaro

Recently several investigators have reported positive P CO$_2$ differences between alveolar gas and arterial or mixed venous blood when net gas-blood transfer of CO$_2$ had been abolished by a rebreathing procedure, and have proposed elaborate hypotheses for their explanation (cf. Piiper and Scheid, Ann. Rev. Physiol. _33_, 131, 1971).

To verify these findings the gas-to-blood P CO$_2$ difference was measured in dog lungs in the state of no net CO$_2$ transfer achieved by ventilation in closed circuit (=rebreathing) using the same experimental approaches as those employed by others:
(A) measurement in steady state in excised lung lobes perfused from a donor dog,
(B) measurement in steady state in intubated lung lobes in situ,
(C) measurement during rebreathing before onset of recirculation in intact dogs,
(D) measurement during rebreathing after recirculation, with rising mixed venous P CO$_2$, in intact dogs.

Substantial gas-to-blood P CO$_2$ differences were obtained by none of the methods. The overall mean P CO$_2$ difference between lung gas and inflowing blood averaged -0.6 torr (172 determinations in 20 experiments).

Prof. Dr. J. Piiper, Abteilung Physiologie, Max-Planck-Institut für experimentelle Medizin, D-3400 Göttingen, Hermann-Rein-Str. 3

ESTIMATION OF PULMONARY O$_2$ DIFFUSING CAPACITY FROM THE TIME COURSE OF GAS-BLOOD O$_2$ EQUILIBRATION DURING REBREATHING
(Bestimmung der O$_2$-Diffusionskapazität der Lunge aus dem Zeitverlauf des Gas-Blut-O$_2$-Druckangleichs während Rückatmung)

F. Adaro, J. Teichmann, P. Scheid, J. Piiper

In theory the pulmonary diffusing capacity for O$_2$, D O$_2$, can be estimated from the time constant of the exponential approach of alveolar P O$_2$ to mixed venous P O$_2$ during rebreathing if the lung and rebreathing bag volumes, the effective ventilation, the cardiac output, and the slope of the O$_2$ dissociation curve of blood are known.

The principle was applied to excised lung lobes perfused from a donor dog and to intact dogs induced to polypnea by low O$_2$ and high CO$_2$ in inspired gas. The exponential time course of the approach of alveolar P O$_2$ to mixed venous P O$_2$ during rebreathing was verified, particularly well in excised lung lobes due to absence of fast recirculation.

The following mean D O$_2$ values were found: 1.1 ml/(min.torr) in left lower lobes of dogs (mean weight 9.5 kg), 20 ml/(min.torr) in intact dogs (mean weight 23 kg).

In theory these values are valid under the assumption that the lungs can be considered to be ideally homogeneous. For the lungs with functional inhomogeneities these values represent minimum estimates.

Prof. Dr. J. Piiper, Abteilung Physiologie, Max-Planck-Institut für experimentelle Medizin, D-3400 Göttingen, Hermann-Rein-Str. 3

11

DIE O_2-AUFNAHME UND DIE ÄNDERUNGEN DES O_2-SPEICHERS BEIM MENSCHEN BEI MOMENTANEN ÄNDERUNGEN DES INSPIRATORISCHEN O_2-DRUCKES.
J. Pichotka, K. Muysers, W. Dahners, H. Krekeler und P. Lotz.

Es ist aus mehreren Untersuchungen bekannt, daß bei Mensch und Hund nach dem Übergang zu erniedrigten inspiratorischen O_2-Drucken eine meist kurze Phase erniedrigter O_2-Aufnahme zu beobachten ist. Anschließend kann die O_2-Aufnahme wieder in normalen Bereich liegen. Die Erniedrigung der O_2-Aufnahme wird mit einer gleichzeitigen Entleerung der O_2-Speicher des Körpers erklärt. Messungen über das Verhalten der O_2-Speicher in dieser Situation liegen anscheinend nicht vor.
Wir haben an drei trainierten und O_2-Mangel-resistenten Versuchspersonen beim Übergang auf 6 erniedrigte O_2-Drucke fortlaufend die O_2-Aufnahme ($\dot{V}O_2$), die arterielle Sättigung (SO_{2a}) und den exspiratorisch-alveolären O_2-Druck (PO_2A') gemessen. Aus den Änderungen von SO_{2a} und PO_2A' wurden die Änderungen der gespeicherten O_2-Menge berechnet. Bei den verschieden erniedrigten inspiratorischen O_2-Drucken fanden sich charakteristisch verschiedene Einstellverläufe der O_2-Aufnahme, die aus den gleichzeitigen Änderungen der O_2-Speicher nicht zu erklären sind.

Physiologisches Institut, 53 Bonn, Nußallee 11.

12

VELOCITIES OF OXYGEN METABOLISM IN GUINEA PIGS (Die Geschwindigkeit des Sauerstoffumsatzes und ihre Verteilung beim Meerschweinchen.
K.MUYSERS, G.v.Nieding, H.Krekeler, U.Smidt, W.Liese

The mean velocity of oxygen metabolism can be calculated from the rate of O_2-uptake and the size of the body stores for O_2. The velocities of differenet compartments can be studied only by means of labelled O_2. Since O_2 has no long living radioisotopes, the analysis has to be performed by mass spectrometry with stable isotopes of O_2, metabolised to H_2O and CO_2.
6 guinea pigs breathed at first for 10 breaths 100% N_2 to eliminate most of ^{16}O from the alveolar space. Thereafter they breathed 20% ^{18}O (90% purity) in N_2 for 5 min, and again room air. During and after ^{18}O-breathing the partial pressures of H_2O and CO_2 have been measured simultaneously as $H_2^{16}O$, $H_2^{18}O$, $C^{16}O^{16}O$ and $C^{16}O^{18}O$. The increase of $H_2^{18}O$ starts at the first expiration following the start of ^{18}O-wash-in and amounts after 5-7 min to 1.5 - 2.0 torr.
The decrease in the succeeding phase of breathing room air is slower. The course of $C^{16}O^{18}O$ is similar, but the changes are less pronounced.
Both curves are not single exponentials, but show fast and slow compartments. The different amplitudes of $H_2^{18}O$ and $C^{16}O^{18}O$ may be explained by isotope effects and asynchronous metabolic processes.

Priv.Doz.Dr.K.Muysers, Krankenhaus Bethanien, 413 Moers

13

Der Einfluß des Respiratorischen Quotienten auf die Clearance-Kurve der Lunge.
W.K.R. Barnikol, Physiol. Inst. Univ. Mainz, 65 Mainz, BRD.

Der Respiratorische Quotient drückt die Tatsache aus, daß für 100 ml an das Blut abgegebenen Sauerstoff nur etwa 80 bis 85 ml CO_2 wieder an den Alveolarraum zurückgegeben werden. Das bedeutet, daß das Gasvolumen im Alveolarraum pro Minute um etwa 50 bis 60 ml abnimmt. Dieser Effekt wird bei weitem nicht kompensiert durch die von MUYSERS (1970) gefundene Stickstoffabgabe des Blutes an den Alveolarraum von etwa 5 ml/min. Durch die Abnahme des Gasvolumens im Alveolarraum wird die alveoläre Konzentration eines Testgases, das die alveokapilläre Membran nicht passieren kann(z.B. Ar), gegenüber der inspiratorisch angebotenen Konzentration erhöht und zwar wird nicht nur stationär die Konzentration erhöht, sondern es wird auch entscheidend das Übergangsverhalten nach einem Konzentrationssprung(Clearance-Kurve) verändert: eine Einwaschkurve wird beschleunigt und eine Auswaschkurve verzögert. Dadurch sind Ein -und Auswaschkurven für die Ventilationsanalyse nicht mehr als gleichwertig zu betrachten. Der Effekt ist so groß, daß er zu Fehlinterpretationen führen kann, was die Ventilationsstruktur der Lunge betrifft. Der Einfluß des Respiratorischen Quotienten entfällt, wenn man nur Auswaschkurven auf die Endkonzentration null auswertet.

K. Muysers, Pflügers Arch. <u>317</u>, 157 - 172(1970)

14

CAUSES OF THE POSTNATAL DECREASE OF BLOOD OXYGEN AFFINITY IN LAMBS
(Ursachen der postnatalen O_2-Affinitätsabnahme des Blutes von Lämmern)
R. Baumann, Ch. Bauer, A.M. Rathschlag-Schaefer

The oxygen affinity (expressed as oxygen half saturation pressure P_{50}), 2,3 diphosphoglycerate (2,3 DPG) concentration and other parameters were determined in the blood of lambs over a period of 60 days postnatally. The most pronounced decrease in oxygen affinity occurred during the first ten days of postnatal life and it was found, that this could be sufficiently explained by a combination of two factors i.e. replacement of foetal through adult haemoglobin and decrease in erythrocyte pH.
The blood of newborn lambs had a high concentration of 2,3 DPG (10.46 mM/l RBC), which decreased insignificantly during the first ten days of postnatal life and then dropped sharply between the tenth and twentieth post partum day, to reach the low adult level by the second month after birth. 2,3 DPG has no influence on the oxygen affinity of either foetal or adult sheep haemoglobin as demonstrated by experiments carried out with dialysed haemolysates of adult sheep and newborn lamb blood, where addition of 2,3 DPG did not alter the oxygen affinity of the dialysates.

Dr. R. Baumann, Institut für Physiologie der Medizinischen Hochschule Hannover, 3 Hannover, Roderbruchstr. 101

15

MESSUNGEN ZUR ERLEICHTERTEN DIFFUSION VON CO_2 IN ALBUMIN-
LÖSUNGEN
<u>G. Gros</u>

Der CO_2-Flux pro Partialdruckgefälle (K'_{CO2}) bei 24°C wurde in
150 µm dicken Schichten von 30g %igen Rinderserumalbumin-Lösun-
gen gemessen. Zum Nachweis einer erleichterten CO_2-Diffusion wurde der Effekt von Carboanhydrase und Acetazolamid auf K'_{CO2} geprüft. Die Messungen wurden in einem niedrigen CO_2-Partialdruck-
bereich (4-7 Torr) und in einem hohen CO_2-Partialdruckbereich
(150-650 Torr) durchgeführt.
Im niedrigen Partialdruckbereich stieg K'_{CO2} bei Zusatz von Carboanhydrase (0,1g % und 0,2g %) auf das Dreifache an. Dieser Anstieg konnte durch Zusatz von Acetazolamid in einer Konzentration
von 0,3g % vollständig aufgehoben werden. Der Effekt war pH-ab-
hängig.
Im hohen Partialdruckbereich hatte die Zugabe von Carboanhydrase
keinen Effekt auf K'_{CO2}.

Aus den Ergebnissen wurde gefolgert: In carboanhydrasehaltigen
Albuminlösungen findet bei niedrigen Randpartialdrucken eine er-
leichterte Diffusion von CO_2 statt, die die Diffusion von physi-
kalisch gelöstem CO_2 um ein Mehrfaches übersteigt. Die Abhängigkeit von der Katalyse der CO_2-Hydratation weist darauf hin, daß
dieser erleichterten CO_2 -Diffusion ein gleichzeitiger Transport
von HCO_3^- und H^+ zugrunde liegt. Eine quantitative Analyse der
Daten führt zu der Annahme eines wirkungsvollen Protonen-Trans-
portes durch einen noch unbekannten Mechanismus.

Dr. G. Gros, Institut für Physiologie der MHH D-3000 Hannover,
Roderbruchstr. 101

16

ARTERIELLE BLUTGASE VON WISTAR RATTEN WÄHREND BARBITURAT- UND
HALOTHANLANGZEITNARKOSE IN NORMOTHERMIE
G.Kaczmarczyk, M.Goepel und H.W. Reinhardt
<u>Kontrollwerte</u> wacher Ratten in Ruhe:pH=7,401+0,016; pCO_2=39,7 +
0,8 mmHg; pO_2=93,6+2,9 mmHg; Atemfrequenz=86+10/min
<u>Barbituratnarkose:</u> Nach einmaliger Injektion von 100 mg/kg KG
Thiopental intraperitoneal werden für 120-240 min chirurgische
Eingriffe reaktionslos toleriert. Während der 1.Narkosestunde
fallen pO_2 auf 72,8+8,7 mmHg, pH auf 7,320+0,057 und die Atem-
frequenz auf 64+6/min; pCO_2 steigt auf 54,8+7,0 mmHg. Zentrale
Atemdepression führt über die 1.Stunde hinaus zu resp.Azidose und
art.Hypoxämie (Sättigung<80% bei pO_2=72,8 mmHg; O_2 -Dissoziati-
onskurve n.GRAY u.STEADMAN 1964). Mit dem Aufwachen werden die
Kontrollwerte erreicht.
Mit der steuerbaren <u>Halothan-O_2-Inhalationsnarkose</u> (Einleitung
2,5-3,0 Vol% Halothan, Fortsetzung 1,0 Vol% über modifiziertes
Spülsystem) wurde über 8 Stunden das chirurgische Toleranzsta-
dium aufrecht erhalten. Während der 1.Narkosestunde fällt der
pH-Wert 7,371+0,074; pCO_2 steigt auf 46,1+4,8 mmHg, die Atemfrequenz auf 95+19/min. pO_2 beträgt 373,0+47,5 mmHg. Es besteht
eine mäßige resp. Azidose mit geringfügiger Progredienz.
(6.Stunde: pH=7,360+0,030; pCO_2=51,81+4,1 mmHg)
Im Vergleich zur Barbituratnarkose ermöglicht die Halothan-O_2-
Inhalationsnarkose gleichmäßigere Narkosetiefe über längere
Zeit bei nur geringfügiger Progredienz der resp.Azidose.

Experimentelle Anästhesie, Klinikum Westend
1000 Berlin 19 Spandauer Damm 130   Freie Universität Berlin

HELIUM ELIMINATION FROM THE TISSUE AFTER HYPERBARIC EXPOSITION
OF 4 HOURS (Helium-Elimination aus dem Gewebe nach 4-stündiger
hyperbarer Exposition)
P.Cabarrou, H.Krekeler, G.v.Nieding, K.Muysers

In 6 healthy male subjects (age 30-45 years) the respiratory
helium elimination was measured after 4 hours exposition to
80% He and 20% O_2 in 1.8 ata. 15 min after leaving the hyperbaric chamber the alveolar partial pressure of He was less than
7 torr. The further washout was not a single exponential.
After 10 hours (in one case still after 24 hours) the alveolar
partial pressure of He was still significantly higher
(5 - 10 x 10^{-3} torr) than the atmospheric pHe (3.5 x 10^{-3} torr).
The total amount of helium eliminated between 15 min and
10 hours after leaving the hyperbaric chamber was 800 to
1200 ml STPD.

Dr. H.Krekeler, Krankenhaus Bethanien, 413 Moers

Effektivitätsuntersuchung des Respirationssystems im steady-state
(Analysis of the efficiency of the steady-state respiratory system)
T. Middendorf

Das Respirationssystem wird als Regelsystem aufgefaßt, dessen Regelstrek-
ke durch ein Dreikompartimentsystem verbunden durch den Blutkreislauf und
dessen Regler durch die Chemorezeptoren, das Atemzentrum und die Lunge
beschrieben wird.

Die Effektivität der Regelung gegenüber $C_{CO_{2A}}$ und $C_{O_{2A}}$ wird definiert
als der Quotient aus der Veränderung des alveolaren Gasgemisches im
ungeregelten und im geregelten Fall bei Veränderung der Inspirationsluft,
formal:

$$EFF_{C_{CO_{2A}}}(\Delta C_{CO_{2I}}, \Delta C_{O_{2I}}) = \frac{\{\Delta C_{CO_{2A}}(C_{CO_{2I}}, C_{O_{2I}})\}ungeregelt}{\{\Delta C_{CO_{2A}}(C_{CO_{2I}}, C_{O_{2I}})\}geregelt}$$

Im Fall der Effektivität gegenüber $C_{O_{2A}}$ ersetze man in der Formel CO_{2A}
durch O_{2A}. (A = Alveolargas, I = Inspirationsgas).

Die Untersuchung zeigt, daß die Effektivität der Regelung von $C_{O_{2A}}$ im
Vergleich zur Effektivität der Regelung von $C_{CO_{2A}}$ gering ist und erst bei
O_2 Konzentrationen in der Einatmungsluft von 11 % oder darunter stärker
zum Tragen kommt. Die Regelung von $C_{CO_{2A}}$ verliert bei CO_2 Konzentrationen
über 7 % in der Einatmungsluft fast vollständig ihre Effektivität. Dieser
letztere Befund läßt sich auf das Verhalten des Stellglieds zurückführen.

Dipl.-Math. T. Middendorf, Institut für Physiologie, Lehrstuhl I der
Ruhr-Universität Bochum, D-4630 Bochum-Querenburg, Buscheystraße 132

DIE MESSUNG DER LOKALEN DURCHBLUTUNG IM GLOMUS CAROTICUM DER KATZE MIT EINER
WASSERSTOFF-MIKROELEKTRODE
H.P. Keller, D.W. Lübbers

Durch die Entwicklung von Wasserstoff-Mikroelektroden (Spitzendurchmesser
2 - 5 μm) (Lübbers, 1968; Lübbers und Mitarbeiter, 1969) bot sich die Methode
der Wasserstoff-Clearance-Messung für eine Mikroflußbestimmung im Glomus
caroticum an.

Der Wasserstoff wird in physiologischer Kochsalzlösung äquilibriert und mit
Hilfe der Slug-Injection durch ein Sinus caroticum-nahes Gefäß (R. muscularis)
appliziert. Im zentralen Bereich des Glomus caroticum fanden wir bei einem
mittleren Blutdruck von 120 - 130 mm Hg Flußwerte von 2000 ml/min 100 g. Bei
kontinuierlichen Blutdruckänderungen zeigte sich eine lineare Beziehung
zwischen dem Fluß im Glomus caroticum und Blutdruck mit einem kritischen Ver-
schlußdruck von 50 - 60 mm Hg. In den Randbezirken des Glomus caroticum
konnten wir gegenüber dem zentralen Bereich deutlich niedrigere Flüsse bestimmen.

Max-Planck-Institut für Arbeitsphysiologie, D-4600 Dortmund,
Rheinlanddamm 201

20
ÄNDERUNGEN DER CHEMOREZEPTORFASERAKTIVITÄT UND DES LOKALEN
FLUSSES IM GLOMUS CAROTICUM DER KATZE BEI VERSCHIEBUNGEN
DES GEWEBSSAUERSTOFFDRUCKES UND DES ARTERIELLEN PCO_2
Acker, H., Bingmann, D., Keller, H.P., Schulze, H. und Wendler, G.

Im Glomus caroticum der Katze wurden Aktionspotentiale von
Chemorezeptorfasereinheiten registriert und gleichzeitig Gewebs-
sauerstoffdrucke und lokale Flüsse (pH_2-Clearance) im Carotis-
körper gemessen (Acker, Lübbers, Purves 1971). Die Untersuchungen
zeigen:
1. Nach der Punktion des Glomus caroticum mit Pt-Mikroelektroden
   bleibt die Entladungsfrequenz einzelner Chemorezeptorfasern
   unbeeinflußt.
2. Eine schrittweise Senkung des P_GO_2 bedingt eine entsprechende
   Zunahme der Entladungsfrequenz. Die hierbei auftretenden Blut-
   druckreaktionen beeinflussen weitgehend die lokalen Flüsse
   (Keller, Lübbers 1972).
3. Um die isolierte Wirkung höherer CO_2-Drucke auf die Chemorezeptorfaseraktivität zu prüfen, wurde bei übernormalem P_GO_2
   der PCO_2 kontinuierlich gesteigert (Apnoe) (Speckmann,
   Caspers 1969). Dabei zeigte sich in allen Versuchen eine gegenüber O_2-Mangeleffekten vergleichsweise geringe Zunahme der Entladungsfrequenz. Die lokalen Flüsse weisen auch während einer
   Apnoe eine deutliche Abhängigkeit vom arteriellen Systemdruck
   auf.

Dr. H. Acker, Max-Planck-Institut für Arbeitsphysiologie,
D-4600 Dortmund, Rheinlanddamm 201
Dr. D. Bingmann, Physiologisches Institut der Universität Münster
D-4400 Münster, Westring 6

Der Einfluß von Hypoxie sowie gleichzeitiger Hypoxie und Hyperkapnie auf die Atmungswirksamkeit der Chemorezeptorafferenzen.
<u>P. Kiwull, H. Schöne</u> *

An narkotisierten, vagotomierten Kaninchen mit durchschnittenen
Sinusnerven wurde durch Veränderung des O_2-Gehaltes und/oder Erhöhung des CO_2-Gehaltes der Atemluft der arterielle O_2-Druck
zwischen hyperoxischen und hypoxischen (im Mittel 35 Torr) Werten, der end-exspiratorische CO_2-Druck zwischen Normalwerten und
55 Torr variiert. Dabei wurde der zentrale Stumpf eines Sinusnerven wiederholt mit konstanter Intensität elektrisch gereizt
und die Reflexwirkungen auf Atmung und Kreislauf registriert.
Herabsetzung des O_2-Drucks in der Einatmungsluft verminderte geringfügig den Ruhewert des Atemzeitvolumens und erhöhte entsprechend den P_{ACO_2}, wobei die chemoreflektorische Reizwirkung
auf die Atmung nur geringfügig abnahm. Stufenweise Erhöhung des
P_{ACO_2} bei konstant erniedrigtem P_{aO_2} bewirkte ähnlich wie bei Erhöhung unter Hyperoxie eine deutliche Verminderung der Atmungs-
wirkung der Reizung. Bei jeweils gleichem CO_2-Druck war dabei die
Reizwirkung unter hypoxischen Bedingungen meist dieselbe wie unter hyperoxischen, im Bereich geringer Hyperkapnie manchmal sogar
größer. Die Befunde lassen schließen, daß alleinige arterielle
Hypoxie im Gegensatz zu Hyperkapnie die Wirksamkeit der Chemor-
zeptorafferenzen auf die Atmung nicht vermindert.

Wiemer, W., Kiwull, P.: Pflügers Arch. <u>330</u>, 28-44 (1971)

* Arbeitsgruppe Regulationsphysiologie, Institut für Physiologie
der Ruhr-Universität, D-463 Bochum.(Mit Unterstützung durch
die DFG)

AKTIVITÄT SPINALER RESPIRATORISCHER NEURONE BEI VERSCHIEDEN HO-
HEN CO_2-DRUCKEN.
(Activity of spinal respiratory neurons at various CO_2-tension
levels)
<u>H.Olbrich</u>

Nach früheren Untersuchungen werden im Lumbalmark der Ratte ca.
90% der Neurone durch eine Erhöhung des CO_2-Drucks gehemmt, die
übrigen aktiviert (1). Weitere Untersuchungen an respiratorischen Neuronen des Thorakalmarks ergaben folgende Befunde:
1. Bei höheren CO_2-Drucken fanden sich inspiratorisch und exspi-
   ratorisch aktive Einheiten sowie Neurone mit Phasenübergang.
2. Bei stufenweiser Senkung des pCO_2 wurde bei den inspiratorischen Neuronen zumeist das Entladungsmuster beibehalten,
   während die Entladungsfrequenz abnahm; die exspiratorischen
   Neurone gingen häufig in tonische Entladung über.
3. Bei reversibler Unterbrechung der absteigenden Atmungsbahnen
   durch Kühlung im Bereich des Halsmarks zeigte sich regelmäßig eine Hemmung der Einheitsaktivität mit ansteigendem
   pCO_2.
Korrelationen zu den Neuronen des Atemzentrums und Möglichkeiten spinaler Verschaltung werden diskutiert.
1. Speckmann, E.-J., H. Caspers und W. Sokolov: Pflügers Archiv
   319, 122-138 (1970)

Dr. H. Olbrich, Physiologisches Institut der Universität,
D - 4400 Münster, Westring 6

23

Atmungswirkungen elektrischer Reize an der lateralen Oberfläche des Halsmarkes (Effects on respiration of electrically stimulating the lateral
surface of the cervical spinal cord).
T. Natsui

Bei mit Chloralose-Urethan flach narkotisierten Katzen wurde die laterale
Oberfläche des Halsmarkes freigelegt und elektrisch gereizt (1 - 2 V;
1 msec; 40 sec^{-1}). Zur Reizung wurde eine konzentrische Elektrode mit
einem äußeren Ring von 1 mm Durchmesser benutzt. Die Atmungswirkungen
wurden registriert. Reizeffekte auf die Atmung ließen sich in zwei parallel angeordneten, in rostro-caudaler Richtung verlaufenden Gebieten er-
zielen. Das ventrale Gebiet (VT) verlief im Bereich der Ein- und Aus-
tritte der Cervicalnerven unmittelbar ventral des Lig. denticulatum,
während das dorsale Gebiet (DT) etwa in der Mitte zwischen Lig. denticulatum und (durchtrennter) Dorsalwurzel angeordnet war. Beide Gebiete
ließen sich von C_1 - C_6 (VT) bzw. C_8 (DT) nachweisen. In Höhe von C_1 vereinigen sich beide Gebiete. Gelegentlich waren sie bis zur Wurzel des
XII. Hirnnerven zu verfolgen. Die in beiden Gebieten auslösbaren Atmungswirkungen bestehen in einer Zunahme der Ventilation, die im wesentlichen
durch eine Vergrößerung des Atemzugvolumens bedingt ist. Oberflächliche
Schnitte im lateralen Cervikalmark (maximal 1 mm tief) ließen bei Reizung
rostral der Schnittebene nur die in VT ausgelösten Atmungseffekte ver-
schwinden, während bei Reizung caudal der Schnittebene die Atmungseffekte
im Gebiet von DT gelegentlich ausblieben. Danach muß angenommen werden,
daß die in VT verlaufenden Strukturen efferenter Natur, die in DT verlaufenden Strukturen möglicherweise auch afferenter Natur sind.

Dr. T. Natsui, Institut für Physiologie, Lehrstuhl I der Ruhr-Universität
Bochum, D-4630 Bochum-Querenburg, Buscheystraße 132

24

Antwort auf Sauerstoffmangel, CO_2 und metabolische Acidose vor und nach
Ausschaltung der zentralen Chemosensibilität bei Katzen (Response to
Hypoxia, CO_2 and Metabolic Acidosis in Cats before and after Elimination
of Central Chemosensitivity)
M.E. Schläfke, W.R. See, A. Herker, J. Kille, T. Katzorke und
H.H. Loeschcke

An Katzen in Chloralose-Urethan-Narkose werden die zentrale Chemosensibi-
lität durch Coagulation des Locus S auf der ventralen Oberfläche der
Medulla oblongata zerstört und CO_2-Antwortkurven bei verschiedenen O_2-
Partialdrucken geschrieben. Blutgase vor und nach der Coagulation werden
nach Astrup gemessen. Der endexspiratorische CO_2-Druck steigt nach der
Coagulation von 30 auf über 60 Torr bei Sauerstoffatmung, Steigerung des
arteriellen P_{CO_2} auf 80 Torr haben keinen Einfluß auf das Atemzugvolumen,
Injektionen von n/10 HCl bleiben ebenfalls ohne deutlichen Einfluß auf
die Atmung nach der Ausschaltung. Verminderungen des O_2-Drucks bis auf
ca. 30 Torr führen auch nach der Coagulation zu einer Steigerung der
Atmung.
In Übereinstimmung mit früheren Untersuchungen nehmen wir an, daß Rest-
antrieb und verbleibender Einfluß durch Sauerstoffmangel auf periphere
Afferenzen zurückzuführen sind, während der Antrieb durch CO_2 und Wasser-
stoffionen hauptsächlich auf Mechanismen angewiesen ist, die mit den aus-
geschalteten Strukturen auf der ventralen Oberfläche der Medulla oblongata in unmittelbarem Zusammenhang stehen.

Dr. M.E. Schläfke, Institut für Physiologie, Lehrstuhl I der Ruhr-Universität Bochum, D-4630 Bochum-Querenburg, Buscheystraße 132

BEHAVIORAL THERMOREGULATION DURING REST AND EXERCISE.
(Willkürliche Thermoregulation bei Ruhe und Arbeit)
A.Bleichert,K.Behling,M.Scarperi,S.Scarperi

In foregoing papers (BEHLING et al.,1972) we demonstrated by
means of correlation equations that the system of thermoregulation in man during exercise operates with a fixed set point, as
far as the vegetative mechanisms are concerned. This paper deals
with the behavioral part of the system. <u>Methods</u>: The subjects
worked submersed in a water bath. Deep esophageal and bath tem-
perature T_{oe} resp. T_B, gas exchange $\dot{V}_{O2}$ and $\dot{V}_{CO2}$, heart rate
and total weight loss were recorded (details see KITZING et al.,
1972). Besides of the same 2 cycle racers as in the paper cited
above we subjected 5 untrained students to the experimental
procedure. First the subjects rested 15 min at $T_B= 35^{\circ}C$, then
they exercised in reclining position for 35 min (cycle ergometer,
60 rpm). During this period and the following 20 min of rest
period the subjects had to regulate T_B so that they felt neither
warm nor cold. <u>Results</u>: During rest the 2 well trained subjects
regulated T_B so that sweat rate was nearly zero. With increasing
work load T_{oe} rose whereas T_B was regulated on a lower level.
The sweat rate increased with the work load, exceeding 10 g/min
when $\dot{V}_{O2}$ reached 2.5 l/min. Practically the same results were
obtained in the experiments performed by the untrained subjects.
<u>Conclusion</u>: The system of behavioral thermoregulation in man
may be described by a model with adjustable set point.

Prof.Dr.A.Bleichert, Physiologisches Institut der Universität
D-2000 Hamburg 20, Martinistraße 52

CHOLINERGIC NEURONS IN THE HYPOTHALAMIC THERMOREGULATORY SYSTEM
(Cholinerge Neurone im hypothalamischen thermoregulatorischen
System) <u>E. Zeisberger, K. Brück</u>
The effects of cholinergic drugs and of specific cholinergic
blocking agents on cold-induced nonshivering thermogenesis(NST)
were compared after injection in two different frontal planes of
the diencephalon of young guinea pigs. The rostral plane corresponded to the preoptic area, the local heating of which has been
previously shown to suppress NST;the other("nonthermosensitive")
plane was located 3 mm caudally. Simultaneously, the effects on
NST of RF-heating in the two respective planes were recorded.
Local RF-heating as well as microinjection (1 µl) of carbachol
(0.25 µg) or of acetylcholine (5 µg + 0.25 µg neostigmine) into
the rostral plane considerably decreased NST and the temperature
of the interscapular brown adipose tissue;injection of the nico-
tinic blocking agent d-tubocurarine (1-3 µg) had the opposite
effect.No such effects were obtained when the pharmacological or
thermal stimuli were applied to the caudal plane, where microinjection of noradrenaline has been previously shown to increase
NST(Zeisberger,Brück 1971).The muscarinic blocking agent,atropine
(0.5 - 5 µg), did not show any effect on NST when injected in
either plane.In the rostral area a few neurons have been detected
so far which have responded with increased impulse frequency both
to injection of acetylcholine and to local heating.This suggests
that cholinergic drugs stimulate the preoptic thermosensitive
structures or some ascending synapses in the neuronal chain,
inhibiting the NST.

Dr.E.Zeisberger,Physiol.Institut,D-6300 Giessen,Friedrichstr.24

QUALITATIVE DIFFERENZIERUNG IM SYMPATHICUS BEI THERMISCHER REIZUNG
THERMOSENSITIVER REGIONEN (Qualitative differentiation of sympa-
thetic outflow evoked by stimulation of thermosensitive regions)
W. Riedel, M.Iriki, E. Simon

Wärmung und Kühlung des Rückenmarks oder des Hypothalamus führt zu
qualitativer Differenzierung cutaner und visceraler Sympathicusefferenzen (Walther et al.,Pflügers Arch.319,162(1970),Iriki et al.,
Pflügers Arch.328,320(1971).Es wird untersucht,ob dieser Antagon-
ismus auch bei thermischer Reizung nur der Haut auslösbar ist.
Methode: Bei narkotisierten, mit Succinylcholin relaxierten,künst-
lich beatmeten Kaninchen wird die Haut einer Körperhälfte isoliert
gewärmt oder gekühlt. Neben Blutdruck,Herzfrequenz,Rectal- und
Ohrtemperatur wird die Aktivität cutaner und visceraler Sympathicusefferenzen registriert und mittels Amplitudensummierung erfaßt.
Ergebnisse: Isolierte Wärmung der Haut bewirkte Aktivitätsabnahme
cutaner sympathischer Efferenzen bei gleichzeitiger Aktivitätszunahme im N.splanchnicus. Kühlung der Haut verursachte eine deutliche Aktivitätszunahme cutaner Sympathicusefferenzen bei gleichzeitiger Aktivitätsabnahme im visceralen Sympathicus. Dieser Ant-
agonismus blieb auch bestehen, wenn die Temperaturen des Hypothalamus und des Rückenmarkes gleichzeitig konstant gehalten wurden.
Herzfrequenz und Blutdruck blieben unverändert. Aus den erhobenen
Befunden wird geschlossen, daß die qualitative Differenzierung
der sympathischen Innervation der Gefäße des Darmes und der Haut
ein typisches Muster der vasomotorischen Antwort auf thermische
Reizung thermosensitiver Regionen darstellt.

Dr. W. Riedel,W.G. Kerckhoff-Institut der Max-Planck-Gesellschaft,
D-6350 Bad Nauheim, Parkstraße 1

NEUROGENE VASODILATATION ALS KOMPONENTE THERMOREGULATORISCHER ANT-
WORTEN DER HAUTDURCHBLUTUNG BEIM HUND (Neurogenic vasodilatatory
component in the thermoregulatory skin blood flow response of the
dog)
W. Schönung, H. Wagner, E. Simon

Beim Hund läßt sich durch zentrale thermische Reizung auch nach
alpha-Blockade noch eine Hautvasodilatation auslösen. Deshalb
wurde die mögliche Beteiligung einer "aktiven" vasodilatatori-
schen Komponente an der thermoregulatorischen Durchblutungsant-
wort bei narkotisierten Hunden untersucht.
Methode: Nach (fluoreszenzmikroskopisch kontrollierter) Entspei-
cherung des peripheren adrenergen Systems durch Reserpin (0.9-
1.3 mg/kg) und Nebennieren-Exstirpation wurde das Verhalten der
Ohr- und Pfotendurchblutung bei Rückenmarkwärmung und -Kühlung
mittels elektromagnetischer Flowmessung untersucht.
Ergebnisse: Ausgehend vom normothermen Rückenmark führte Wärmung
zu einer während der gesamten Dauer des thermischen Reizes anhal-
tenden Steigerung der Hautdurchblutung bis um maximal 200 %. Eine
Vasokonstriktion ließ sich dagegen durch Kühlung niemals auslösen.
Die thermisch induzierte Vasodilatation der Haut wurde durch hohe
Dosen eines alpha-Blockers (100 mg Phenoxybenzamin) nicht beeinflußt und ließ sich durch Atropin nicht blockieren. Durchschnei-
dung des ipsilateralen lumbalen Grenzstranges hob die thermisch
induzierte Vasodilatation in der Hinterpfote auf. Elektrische
Reizung des distalen Stumpfes führte zur Vasodilatation in der
Hinterpfote.

Dr. W. Schönung, W.G. Kerckhoff-Institut der Max-Planck-Gesellschaft, D-6350 Bad Nauheim, Parkstraße 1.

29

ÄNDERUNGEN DER KERNTEMPERATUR BEI KÜHLUNG UND WÄRMUNG DES
RÜCKENMARKS AM OCHSEN

C. Jessen, J.A. McLean, D.T. Calvert, J.D. Findlay
The Hannah Research Institute, Ayr, Schottland

An zwei Ochsen (200 - 240 kg) mit chronisch implantierten Rücken-
marksthermoden wurden 20 Versuche in einem Gradienten-Kalorimeter
bei 15°C und 70% RF durchgeführt. Zur isolierten Temperaturände-
rung des Rückenmarks wurden die Thermoden mit Wasser konstanter
Temperatur zwischen 25 und 47°C durchströmt. Wärmeabgabe, Wärmeproduktion und Kerntemperatur (Trommelfell) wurden fortlaufend
registriert.
Die Wärmung des Rückenmarks löste eine Abnahme der Wärmeproduktion und eine Zunahme der Wärmeabgabe aus, die in ihrer Größe der
Intensität der Rückenmarkswärmung korreliert war. Das daraus re-
sultierende Ungleichgewicht zwischen Wärmeproduktion und Wärmeabgabe führte zu einer Senkung der Kerntemperatur, die mit zunehmen-
der Intensität der Wärmung gleichsam exponentiell größer wurde.
Bei leichter und mittlerer Wärmung stabilisierte sich die Kerntemperatur auf einem niedrigeren Wert, während sie bei intensiver
Wärmung ständig sank, ohne ein stabiles Niveau zu erreichen. Als
niedrigster Kerntemperaturwert wurden $32{,}9^\circ$C gefunden.
Die Kühlung des Rückenmarks führte nur zu geringem Anstieg der
Kerntemperatur.

Prof. Dr. Claus Jessen, Physiologisches Institut der Universität,
D-6300 Giessen, Friedrichstraße 24

30

ÜBER DIE SCHWANKUNGSBREITE DES DIFFUSIONSWIDERSTANDES DER
MENSCHLICHEN EPIDERMIS FÜR WASSERDAMPF
(On the variability of the diffusion resistance of the human
epidermis for water vapor)

G. Dahlke, E. Heerd, Christa Simon-Oppermann

Die Angaben über die Wasserdampfabgabe von der Epidermis des in
thermoindifferenter Umgebung lebenden Menschen zeigen Unterschiede, die physikalische Ursachen haben (z.B. verschiedene Klimata,
verschiedene Methodik, unbelüftetes oder luftdurchströmtes Meß-
element), oder auf individuellen Unterschieden der Epidermis beruhen können. - In mehreren tausend Versuchen, teilweise in viel-
jährigen Meßreihen, wurde an 14 Versuchspersonen, die unter verschiedenen klimatischen Bedingungen lebten, mit ein und derselben
Methode die Wasserdampfabgabe von 10 cm^2 Hautfläche am Unterarm
gegen Wasserdampfdrucke zwischen 4 und 25 Torr gemessen. Alle Messungen fanden bei 22°C Raumtemperatur unter thermoindifferenten
Bedingungen statt. - Als niedrigster Wert wurde für gesunde, nicht
schwitzende Haut ein Diffusionswiderstand von 0,57 $Torr \cdot min \cdot cm^2 \cdot$
μg^{-1} bei einem Thailänder gefunden, als höchster Wert 6,4 $Torr \cdot min \cdot$
$cm^2 \cdot \mu g^{-1}$ bei einem Mitteleuropäer. - Diese Unterschiede sind nur
teilweise auf einen sekretorischen Anteil der Perspiratio insensi-
bilis cutanea zurückzuführen. Offenbar spielen auch Variationen
im strukturellen Aufbau der Epidermis und in ihrem Gehalt an
wasser- und lipoidlöslichen Inhaltsstoffen eine Rolle.

Dr. E. Heerd, Physiologisches Institut der Justus Liebig-Univer-
sität, Lehrstuhl 1, D-6300 Gießen, Friedrichstraße 24

31

VERTEILUNG VON MONOAMINOOXIDASEN (MAO) IN MITOCHONDRIEN UND
ZELLKERNEN DER LEBER VON RATTEN.

I. Adrian, W. Hardegg, F. Kirchner

Durch Differentialzentrifugation wurden Mitochondrien, Mikrosomen und Zell-
kerne aus Rattenlebern isoliert. Die Enzymaktivitäten wurden mit Tyramin
und Serotonin manometrisch, spektralfluorimetrisch und über die Freisetzung
von NH_3 bestimmt. Zur Charakterisierung der MAO in den einzelnen Zellbe-
standteilen wurde (1 Phenyl-2-methyl)-äthyl-hydrazin-HCL (Ro 4-2058/1,
Roche), ein sehr rasch mit der MAO reagierender, irreversibler Hemmstoff
verwendet. Die Reinheit der Zellfraktionen wurde elektronenmikroskopisch
kontrolliert.

Die MAO-Aktivität in allen Fraktionen war gegenüber Tyramin höher als
gegenüber Serotonin. Die Kernfraktion zeigte die höchste Aktivität gegenüber
beiden Substraten. Die Hemmung der MAO-Aktivität durch Ro 4-2058/1 wies
charakteristische Unterschiede in den Zellfraktionen und gegenüber beiden
Substraten auf.

Die Befunde sprechen dafür, daß in den Zellen von Rattenlebern mehrere
Unterarten (Isoenzyme) der MAO vorkommen und in Kernen und Mitochondrien verschieden verteilt sind.

Adresse der Autoren:

I. Physiologisches Institut der Universität Heidelberg, 69 Heidelberg,
Postfach 1347

32

MICROPHOTOMETRIC MEASUREMENTS OF PN-FLUORESCENCE IN ISOLATED PERFUSED LIVER
(Mikrophotometrische Messungen der PN-Fluoreszenz an der isoliert perfundierten Leber)

Kessler, M., Rahmer, H.
with the technical assistance of Höper, J., Joachimsmeier, K. and Schmeling, D.

The PN-fluorescence (NADH, NADPH) of single cells of perfused liver can be
measured by means of a new micro-fluorometer. For continuous recording of
PN-fluorescence a dual length method is used. By application of this method
the drift of basic and non PN specific fluorescence can be eliminated almost
completely. The emission spectra are measured by the use of a Schott continuous interference filter. By injections of inhibitors into sinusoids which
are performed by means of micro-pipettes distinct changes of local respiration
can be caused.

The correlation between local redox state of pyridine nucleotides (PN) and
total respiration rate was investigated by means of simultaneous measurements.
These parameters were also compared with tissue contents of different metabo-
lites of glycolysis. The experiments show that determination of functional
state of metabolism can be improved by direct measurements.

Privatdozent Dr. M. Kessler, Max-Planck-Institut für Arbeitsphysiologie,
D-4600 Dortmund, Rheinlanddamm 201

33
ANAEROBER ORGANSTOFFWECHSEL NEUGEBORENER UND ERWACHSENER TIERE
J.H.Fischer, W.Isselhard, H.Kapune, W.Stock

Neugeborene und erwachsene Tiere unterscheiden sich je nach Reife-
grad der Neugeborenen mehr oder weniger deutlich in ihrer Anoxie-
toleranz. Dies wird häufig auf die hohen Glykogenreserven in mehreren Organen Neugeborener zurückgeführt, wobei die entscheidende
Bedeutung den Glykogenmengen des Herzens zugeschrieben wird.
Wir untersuchten Organe neugeborener und erwachsener Kaninchen in
normothermer Ischämie und bestimmten die Gewebsgehalte der Substrate und Metabolite des Glykolysezyklus und des energievertei-
lenden Adenylsäure-Phosphokreatinsystems. Die Ischämie wurde für
diese erste Versuchsserie als Spezialfall einer Anoxie isolierter
Organe ohne Einflußnahme des Kreislaufs ausgewählt. Die Ergebnisse
zeigten, daß trotz unterschiedlicher Glykogengehalte und Glykoly-
seraten in Großhirnrinde und Medulla oblongata in diesen beiden
Hirnabschnitten des Neugeborenen die Summe der Adeninnucleotide
zu Beginn wie nach 10 min Ischämie um mindestens 50 % höher lag
als bei erwachsenen Tieren. In Herz und Niere dagegen verhielt
sich die Summe der Adeninnucleotide während der Ischämie in beiden
Altersgruppen nahezu gleich bei fast identischen Ausgangswerten.
Dies ist besonders interessant, weil die Glykolyseaktivität in
diesen Organen während der Ischämie bei Neugeborenen 1 1/2 bzw.
10 mal höher war als bei erwachsenen Tieren.
Unter den Bedingungen der Ischämie scheint somit die Höhe der
glykolytischen Aktivität eines Organs nur geringen Einfluß auf
die Erhaltung seiner Adeninnucleotide zu haben.

Dr. J.H. Fischer
Abteilung für Exp. Chirurgie, 5 Köln 41, Robert-Koch-Straße 10

34
DIE STOFFWECHSELGRÖSSE AUSREICHEND DÜNNER NATÜRLICHER GEWEBE ALS FUNKTION DER TEMPERATUR UND DER MESSZEIT .

H. J. Schmidt

Die O_2-Aufnahme ausreichend dünner natürlicher Gewebe (Mäuse-
zwerchfelle) wurde manometrisch bestimmt bei konstanten Temperaturen zwischen 28 und 42° C mit Intervallen von 0,2^o C . In Vor-
versuchen war die Eignung der verschiedenen Medien für diese Aufgabe geprüft worden. In Medium II Typ A (KREBS 1950) erreich-
ten wir die höchsten und konstantesten Werte der O_2-Aufnahme .
In allen anderen Medien beobachteten wir niedrigere und wesentlich instabile Werte der O_2-Aufnahme. In Medium II bestehen in
Abhängigkeit von der Temperatur charakteristische Maxima und
Minima der O_2-Aufnahme bei Temperaturen, die aus früheren Beobachtungen bekannt sind.Die Realität dieser Maxima und Minima ist
statistisch hoch gesichert. Bemerkenswert ist in diesen Messungen
die Tatsache, dass die Konstanz der O_2-Aufnahme in Versuchen bei
und unterhalb der normalen R.T. der Maus fast ideal ist . Bei
Temperaturen oberhalb der normalen R.T. trat ein zunehmend
stärkerer Abfall der O_2-Aufnahme in Erscheinung, der in keiner
Weise beeinflussbar war. Diese letzte Beobachtung steht in einer
gewissen Analogie zum Verhalten des Gesamttieres. Nach Überwärmung
findet sich bei mehreren Spezies, die untersucht sind, eine
Herabsetzung des Umsatzes , die in gewissem Umfang der Dauer und
dem Grad der Überwärmung entspricht.

Dr. H. J. Schmidt , Physiologisches Institut der Universität ,
D 53 - Bonn , Nussallee 11

35

THE INFLUENCE OF VARYING OXYGEN CONCENTRATIONS ON DEVELOPMENT,
SIZE AND MALFORMATION RATE OF CHICK EMBRYOS
(Einfluß variierender O_2-Konzentrationen auf Entwicklung, Größe
und Mißbildungsentstehung bei Hühnerembryonen)
T. Brilmayer, H. Bartels

Fertile chicken eggs from Heisdorf-Nelson-Lohmann breed were incubated for 48 h at 38° C and oxygen concentrations varying between 8 and 100%. Below 10% O_2 more than 60% of the embryos deve-
lop only up to stage VI. At 11 and 13% O_2 development is delayed
in the average by one stage (XI) compared to 21% O_2 (XII), at 100%
the development is accelerated by one stage. 50% O_2^2 is delayed by
one stage compared to 21%.
Embryos at 13% O_2 tend to be smaller than at 21% and 100% O_2. The
diameter of the area vasculosa (the embryos "lung") and the ratio
of this diameter to embryo size decreases with increasing oxygen
concentration. Malformations were below 1% at 21 and 100% O_2. At
13% O_2 they amounted to 3.5% and at 50% O_2 to 25%. At 100% O_2
a striking thickening of the membrana vitellina increases the
distance between the embryo plus area vasculosa and the egg shell.

T. Brilmayer, Institut für Physiologie der Medizinischen Hochschule Hannover, 3 Hannover, Roderbruchstr. 101

36

A FAST VOLTAGE CLAMP WITH AUTOMATIC COMPENSATION FOR CHANGES OF EXTRA-
CELLULAR RESISTIVITY
(Ein schneller Potentiostat mit automatischer Kompensation eines
variablen Lösungswiderstandes)
U. Gebhardt

In studies of epithelial transport it is desirable to vary external ion
concentrations rapidly at constant transepithelial voltage. In such experiments, the resistance R_b of the electrolyte solution between electrodes and membrane is necessarily changing, and its electronic compensation by positive feedback must continuously be readjusted. To achieve
this, the system is periodically switched to the current-clamp mode
(for durations of 30 ms) to measure R_b with a small 100 KHz sinusoidal
current. After rectification and filtering, a voltage proportional to
R_b is stored on a sample-hold unit. It is multiplied electronically
with the instantaneous values of membrane current after switching back
to the voltage clamp mode. When subtracting this product from the recorded voltage, the true 'compensated' membrane voltage is obtained
and can be compared with the command voltage in the usual way. Switching
between clamp modes is done with two field effect transistors (Gebhardt
and Lindemann, 1970). The technique is used together with a rapid flow
device in a study of membrane properties of frog skin epithelium.

Dipl. Ing. Ullrich Gebhardt, Abt. Membranforschung an Epithelien, SFB 38
665 Hamburg, W-Germany.

DREIKOMPONENTENSYSTEM FÜR DEN AKTIVEN TRANSPORT BASISCHER
AMINOSÄUREN BEI STREPTOMYCES HYDROGENANS* (**K.L.Burkhardt,W.Groß**)

Str.hydr.besitzt mehrere spezifische Systeme für den Transport
basischer Aminosäuren,was aus den folgenden Befunden hervorgeht:
1) In der Auftragung der L-Lys-Aufnahme nach Lineweaver u.Burk
tritt eine Abweichung zum Nullpunkt hin auf.2)L-Arg,D-Arg und
L-Canavanin sind gute Inhibitoren des L-Lys-Influxes,während
L-Lys und L-Orn keinen Einfluß auf den L-Arg-Transport ausüben.
3)L-Arg hemmt den L-Lys-Transport nicht vollständig.Die Zugabe
von L-Orn verstärkt die durch L-Arg maximal zu erzielende
Hemmung.
Die Annahme von mindestens drei verschiedenen Transportsystemen
mit erheblich unterschiedlichen Kapazitäten (K) erklärt diese
Ergebnisse: System I : nur für Arg (K=100 u.mehr);
System II : gemeinsames System für Arg und Lys (K~10);
System III : nur für Lys (K~1).
Die Affinität zu anderen Carriersystemen ist gering.Erst in sehr
hohen Konzentrationen werden Arginin und Lysin vom System für
neutrale Aminosäuren transportiert,was sich durch Austausch=
diffusion klar nachweisen läßt.
Durch Wachstum von Str.hydr.auf Medium,das L-Arg oder L-Lys als
alleinige Stickstoffquelle enthält,wird System II induziert.
Dies kann u.a.durch Änderung des Hemmungsmusters belegt werden:
jetzt tritt reziproke Hemmung zwischen Arg und Lys auf.
 (Diese Arbeit wurde von der DFG unterstützt)

K.L.Burkhardt, Institut für Biologische Chemie der J.W.Goethe
Universität, (6000) Frankfurt a.M. Theodor-Stern-Kai 14

ANALYSE DES NATRIUMTRANSPORTES AN DER FROSCHHAUT MITTELS TEMPE-
RATURÄNDERUNG.
D. Moshagen, A. Dörge und W. Nagel

Der Einfluß von Temperaturerniedrigung auf Größe und Kinetik der
unidirektionalen Natriumflüsse der isolierten Froschhaut wurde
in einer Flußkammer untersucht.
Bei Abkühlung von 23° C auf 0° C fiel der Natriumeinstrom (Influx) auf etwa 1/5 des Ausgangswertes ab. Ähnlich wie nach Ami-
loridgabe (Dörge und Nagel 1970) fiel der SCC zu einem neuen
steady state innerhalb von 30 sec ab. Der Natriumflux erreichte
dagegen das neue steady state mit einer Halbwertszeit $t_{1/2} =$
1,8 min. Dabei strömten 19,5 neq/cm^2 Natrium zur Coriumseite hin
aus (15% des von der Epithelseite her austauschbaren "Transport-
Natriums"). Dieses in der non-steady state-Phase ausgewaschene
Natrium scheint bei Kälte im Gegensatz zu den Verhältnissen bei
Amiloridhemmung nur aus extrazellulären Räumen zu stammen.
Der Efflux fällt bei Kälte in weniger als 30 sec um die Hälfte
auf ein neues steady state ab. Die Abnahme des Efflux entspricht
der Verminderung des Diffusionskoeffizienten von Natrium in freier Lösung bei einer vergleichbaren Temperaturerniedrigung.

Dr. D. Moshagen, Physiologisches Institut der Universität München
8 München 2, Pettenkoferstr. 12

ELEKTRONENSTRAHLMIKROANALYSE VON ELEMENTEN IN FROSCHHAUTSCHNITTEN
A. Dörge, K. Gehring, W. Nagel und K. Thurau

Bei der Analyse der Elementverteilung in Zellverbänden bestehen
bei Verwendung des Rasterelektronenmikroskops mit Halbleiterde-
tektoren (Stereoscan - Nuclear Diods) wegen geringer Elektronen-
strahlintensität und höherer Empfindlichkeit gegenüber der Elek-
tronenstrahl-Mikrosonde mit Kristallanalysatoren generell Vortei-
le. Die Methode wurde an gefriergetrockneten Kryostatschnitten
der Froschhaut (2 μ) angewandt, um in den einzelnen Schichten verschiedene Elemente vor und nach Strophantin (10^{-4} M) zu bestimmen.
2 μ-Schnitte aus Albuminlösungen (23 g%) dienten zur Eichung. Die
Konzentrationen (mEq) in den Epithelzellen sind:

	Na	K	Cl	P
Kontrolle	26 - 56	118 - 143	56 - 82	148 - 206
Strophantin	68 - 105	33 - 48	45 - 58	160 - 196

Im Stratum corneum sind die Befunde ähnlich. Im Corium sind Na-,
K- und Cl-Konzentrationen ähnlich der der Badlösung und Strophan-
tin-unabhängig. Eine elektronenoptisch dichte Schicht, die das Corium in eine innere und eine äußere Schicht teilt, weist hohe Ca-
und P-Konzentrationen auf. Die strukturbezogene Lokalisation von
Elementkonzentrationen in der Froschhaut stellt eine wesentliche
Ergänzung für die Analyse des transepithelialen Na-Transportes
dar.

Dr. A. Dörge, Physiologisches Institut der Universität München,
8 München 2, Pettenkoferstr. 12

Cl-fluxes across the isolated skin of Rana esculenta.

(Cl-Flüsse durch die isolierte Haut von Rana esculenta).

W.Schneider

During the absence of electrochemical gradients the unidirectio-
nal Cl-fluxes were measured across the isolated skin of R.escu-
lenta.Cl-concentration in the bath solution was varied from
o-9o meq/l.Following results were obtained:
I. The relation betweenthe Cl-fluxes in both directions and the
bath concentration is not linear.
2. The Cl-fluxes from epithelium to corium(i.e. parallel to the
active Na-transport) are about Io times greater than that in the
opposite direction at bath concentration of o-Io meq/l and about
2 times greater at a bath concentration of 9o meq/l.
3. There is no correlation between the net Na-transport(short
circuit current) and the observed net Cl-flux.
4. Raising the Cl-concentration of the incubation solution does
not result in a corresponding increase in intracellular Cl-concentration.
The energetics of Cl-transport will be discussed.

Dipl.Phys.Walter Schneider,Physiologisches Institut der Universität München,Pettenkoferstraße 12.

41

UNTERSUCHUNGEN ZUM NATRIUMTRANSPORT DURCH DIE ISOLIERTE MEER-
SCHWEINCHENPLACENTA.

H. Schröder, W. Stolp, H.-P. Leichtweiß

Placenten hochtragender Meerschweinchen wurden nach Kanülierung
der fetalen und maternen Gefäße vollständig isoliert und mit einer auch kolloid-osmotisch isotonen Nährlösung perfundiert. Mit
Hilfe von Na^{24} konnten dabei die Natriumturnoverraten in materno-fetaler und feto-maternaler Richtung gemessen werden.

Die Ergebnisse zeigen:
1. Zwischen dem Natriumtransport und den Perfusionsstromstärken
   besteht ein linearer Zusammenhang.
2. Der Natriumtransport ist in materno-fetaler und feto-maternaler Richtung gleich groß. Dieser Befund spricht gegen einen
   aktiven Transport für das Natrium.
3. Die bei einseitiger Perfusion gewonnenen Auswaschkurven für
   das Na^{24} sprechen dafür, daß die transplacentare Natriumpas-
   sage einer einfachen Diffusion folgt.
4. Die Natriumtransportrate beträgt $1{,}5mg \cdot min^{-1} \cdot g^{-1}$ bei einer
   Perfusionsstromstärke matern und fetal von $1ml \cdot min^{-1} \cdot g^{-1}$.
   Sie liegt damit in dem Bereich der von Dancis und Money angegebenen Werte bei einseitiger Perfusion mit Meerschweinchen-
   serum.

Dancis, J., Money, W.L.: Am. J. Obst. & Gynec. **80**, 215 (1960)

Prof. Dr. med. H.-P. Leichtweiß, Dr. med. H. Schröder,
2 Hamburg 20, Martinistr. 52, Universitäts-Frauenklinik,
Abt. für Experimentelle Medizin

42

BEDEUTUNG AKTIV TRANSPORTIERTER ZUCKER FÜR DEN INTESTINALEN
WASSER- UND ELEKTROLYTTRANSPORT.

R. Dennhardt, R. Bloch, W. Reschke und F.J. Haberich

Die Untersuchungen werden an vorübergehend funktionell isolierten Abschnitten des oberen Jejunum und des unteren Ileum der
wachen Ratte durchgeführt. Die Zugabe von aktiv transportierten
Zuckern (30 mM/l Glukose bzw. 30 mM/l 3-0-Methyl-Glukose) zur
Perfusionslösung führt am Jejunum zu einer hoch signifikanten
Zunahme des Elektrolyt- und Wassertransports. Diese Wirkung ist
unter 3-0-Methyl-Glukose ausgeprägter als unter Glukose. Am Ileum
führt die Gegenwart von Glukose zu keiner Steigerung der Natrium-
Resorption; auch der Netto-Wasser-Fluß wird nicht beeinflußt.
Die Wirkung aktiv transportierter Zucker wird am Jejunum von uns
wie folgt erklärt: Glukose bzw. 3-0-Methyl-Glukose wird in die
Mukosa-Zellen und die Interzellularräume transportiert; aufgrund
von osmotischen Kräften resultiert daraus ein "bulk-flow" von
Wasser. Der Anstieg der Natrium-Resorption wird dann durch
"solvent-drag" hervorgerufen. Die fehlende Wirkung von Glukose
auf den Natrium-Nettofluß im unteren Dünndarm läßt das Konzept
eines spezifischen Transport-Systems in der Mukosa, das die Gegenwart von Glukose für den aktiven Natrium-Transport fordert,
fragwürdig erscheinen.

Dr. R. Dennhardt, Institut für Angewandte Physiologie der
Philipps-Universität, D-3550 Marburg/Lahn, Lahnberge.

43
INTESTINAL TRANSPORT MECHANISMS OF MEDIUM-CHAIN FATTY ACIDS.
(Intestinale Transportmechanismen mittelkettiger Fettsäuren.)

R. Bloch, R. Dennhardt, B. Lingelbach, H. Lorenz-Meyer.

So far there are few data concerning the transport mechanisms of
medium chain fatty acids which differ greatly from those of long
chain fatty acids in their physical and chemical properties.Thus,
we carried out transport studies in the rat small intestine with
caprylic and caproic acid for a more detailed analysis of the
mechanisms involved. In vivo-methods (continuous perfusion,isolat-
ed segment) as well as in vitro-methods (Semenza and Mühlhaupt,
1969) were used.

Results: 1) After a single application of 200 µl C-14 octanoate
(70 mM) into the jejunum we found a 95% absorption after 10 min.
2) In accordance with earlier findings most of the absorbed
octanoate is transported via the V.portae, where the maximum of
activity was measured 4 min after application. 3) With increasing
octanoate concentration a saturation kinetics was observed both
in the in vivo- and in vitro-experiments. 4) Additional application of caproic acid into the system leads to a marked inhibition
of octanoate absorption. 5) Presence of KCN produces a decrease
of octanoate transport. 6) After a sufficiently long incubation
time the octanoate concentration in the tissue fluid was found to
be higher than in the incubation medium. The evidence suggested
by these findings is an active transport mechanism of medium
chain fatty acids.

Dr. R. Bloch, Institut für Angewandte Physiologie der Philipps-
Universität, D-3550 Marburg/Lahn, Lahnberge.

44
STIMULIERENDE UND SUPPRIMIERENDE EINFLÜSSE AUF DEN NATRIUM-
TRANSPORT IM RATTENCAECUM. <u>K. Loeschke, E. Uhlich und I. Böde-
wadt.</u>

Wie kürzlich berichtet (Loeschke et al., Proc. Int. Union Physiol. Sci. IX, 351, 1971), führt oral appliziertes Polyäthylen-
glycol 4000 (PÄG) innerhalb von 7 Tagen zu einer Verdoppelung
der natriumgekoppelten Wasserresorptionsrate im Rattencaecum in
situ.Zur Abklärung des Mechanismus wurden jetzt Kontroll- und
PÄG-Tiere mehreren Bedingungen unterworfen, die den Natriumtransport an anderen Epithelien beeinflussen. Aldosteron erhöhte den natriumgekoppelten Wassertransport in beiden Tiergruppen
um den gleichen Betrag. Nach akuter extrazellulärer Volumenexpansion sowie bilateraler Adrenalektomie war der Transport in
beiden Kollektiven vermindert, wiederum ohne Hemmung des PÄG-
induzierten Mehrtransportes. Die Suppression nach Adrenalektomie
war durch Cortisol jeweils quantitativ reversibel. Demnach modi-
fizieren die genannten Faktoren den Natriumtransport zwar auch
am Caecum, sind jedoch für die Stimulierung durch PÄG nicht verantwortlich. Diese ist auch unabhängig von ADH und Angiotensin,
da hereditäre Diabetes-insipidus-Ratten wie gesunde Wistarratten
reagierten und Angiotensin keinen eindeutigen Effekt hatte. Auch
ein direkter physikalischer Effekt von PÄG auf die Mucosa schei-
det aus, weil kurzfristige Vorinkubationen mit PÄG-haltigen Lösungen in situ den Natriumtransport nicht stimulierten. - Unterstützt durch DFG Lo 114/5.

Dr. K. Loeschke, II. Medizinische Klinik der Universität,
D-800 München 2, Ziemssenstr. 1.

45

**Die Wirkung von Amilorid auf den Elektrolyttransport des Ratten-
colons**
S. Lange, C. Veit, U. Hegel, U. Gutsche

In abgebundene Schlingen des Colon descendens von Wistar Ratten
wurde 1 ml Elektrolytlösung (145 mÄq Na^+, 5 mÄq K^+, 120 mÄq Cl
und 30 mÄq HCO_3^-) instilliert und der Ionennettotransport nach
1-stündiger Exposition bestimmt. Das Colon unvorbehandelter Ratten resorbiert Wasser ($0,1\pm01$ ml/h.cm), Na^+ ($15,4\pm3$uÄq/h.cm), Cl^-
($15,7\pm2,6$ uÄq/h.cm) und es sezerniert K^+ ($0,6\pm0,1$ uÄq/h.cm);
transepithelial kann eine Potentialdifferenz von 60 mV (Lumen
(-)) abgegriffen werden. An adrenalektomierten Ratten ist die
Elektrolyt- und Flüssigkeitsresorption aus dem Colon auf etwa
1/3 vermindert und die transepitheliale PD auf 12 mV gesenkt.

Wird Amilorid ($4x10^{-3}$ bis 10^{-6} Mol) bei Kontrolltieren dem Instil-
lat zugesetzt, so findet ein Nettoeinstrom von Wasser und Elektrolyten ins Darmlumen hinein statt, und die Potentialdifferenz
kehrt sich um (Lumen +, 20 mV). Der Einstrom von K nimmt dabei zu
ohne Änderung der transepithelialen K-Konzentrationsdifferenz.
Bei adrenalektomierten Ratten dagegen vermag Amilorid die Tran-
portraten und die Potentialdifferenz weder weiter zu senken noch
umzukehren. Im Gegensatz zur Niere ist demnach die Wirkung von
Amilorid auf das Colon an das Vorhandensein der Nebennieren ge-
bunden.

Dr. S. Lange, Institut für Klinische Physiologie, Klinikum
Steglitz der Freien Universität Berlin, 1-Berlin 45, Hindenburg-
damm 30.

46

**Einfluß von Amphotericin, Amilorid, Ionophoren und 2-4 Dinitrophenol auf die
Sekretionsrate des isolierten Katzenpankreas. <u>V. Wizemann und I. Schulz.</u>**

Um die Wirkung auf die Mitochondrienmembranen von der auf die Zellmembranen
trennen zu können, wurde am isoliert perfundierten Katzenpankreas der Einfluß
der genannten Substanzen auf die Sekretionsrate unter aeroben und anaeroben
Bedingungen gemessen.
Amphotericin (10^{-7}M), das an anderen Membranen eine unspezifische Permeabilitätserhöhung macht (1), hemmt die Pankreassekretion aerob und anaerob bis zu
80 %, vermutlich über eine Permeabilitätserhöhung der luminalen Zellseite.
Amilorid (10^{-3}M), das den Na-Einstrom in Epithelzellen hemmt (2), verminderte
die Pankreassekretion bis zu 50 % aerob und anaerob. Dies ist am besten mit
einer Wirkung auf die contraluminale Zellseite zu erklären.
Valinomycin und Nigericin (10^{-8}M), die die Membranpermeabilität für K^+ bzw.
für H^+ Ionen erhöhen, wirken in unserem Präparat sowohl an der Plasmamembran,
da anaerob eine Steigerung bis 70 % zu sehen war, als auch an der Mitochon-
drienmembran, da aerob eine Hemmung von ca. 30 % eintrat. Gramicidin (10^{-5}
und 10^{-6}M), das an anderen Membranen eine Kationenpermeabilitätserhöhung
macht, hatte auf die Pankreassekretion keinen Effekt. Dinitrophenol (10^{-3} bis
10^{-7}M) wirkte nur aerob und hat demnach keine Wirkung auf die Zellmembran.
Diese Befunde lassen sich mit Veränderungen der passiven Ionenpermeabilitäten
erklären, die, je nachdem, welche Ionenart und welche Zellseite (luminal oder
contraluminal) sie betreffen, zu einer Sekretionssteigerung oder -hemmung führen können.

1. P.R. Steinmetz und L.R. Lawson, J. Clin. Invest. 49, 596, 1970.
2. A. Dörge und W. Nagel, Pflügers Arch. 321, 91, 1970.

Dr.I.Schulz, Max-Planck-Institut für Biophysik, 6 Frankfurt/M., Kennedyallee70

47

THE EFFECTS OF PEPTIDE HORMONES ON THE PRESSURE PROFILE OF THE
LOWER ESOPHAGEAL SPHINCTER (LES) IN DOGS.
(Der Einfluß von Peptidhormonen auf das Druckprofil im unteren
Oesophagussphinkter am Hund)   F. Waldeck, H.-M. Jennewein

In order to investigate the effects of various peptide hormones
on the pressure profile inside the LES in slightly anaesthetized
(chloralose-urethane) and immobilized (gallamine) dogs a pull
through procedure was applied (Waldeck, 1969). From the pressure
profile recorded the maximal pressure from each tracing was
picked up for further evaluations.
Experiments with single i.v. injections of tetragastrin or pentagastrin resulted in dose-response curves which increased up to a
maximum and dropped after higher doses. The maximal pentagastrin
effect was not influenced by pretreatment with atropine. On the
other hand, secretin inhibited the pentagastrin effect competitively and calcitonine abolished it. Secretin alone reduced the
sphincter pressure in lower doses and increased it after applying very high amounts. Single injections as well as constant
i.v. infusions of glucagon resulted in a dose-dependent decrease
of the pressure inside the LES. In addition this glucagon antagonized the pentagastrin effect. There were no consistent effects
using various doses of calcitonine or cholecystokinin.

Reference: WALDECK, F., Pflügers Arch. ges. Physiol. <u>307</u>, R 83
(1969)

Prof. Dr. F. Waldeck, Pharmaforschung Biologie,
c/o. C.H. Boehringer Sohn, 65o7 Ingelheim /Rhein

48

LOCALIZATION OF ACTION OF CHOLERA TOXIN IN EPITHELIAL CELLS OF
RABBIT INTESTINE
H.Ebel,D.Parkinson,D.DiBona and G.W.G.Sharp

The massive intestinal fluid loss in cholera is mediated by a
stimulation of adenyl cyclase activity measured in mucosal homo-
genates (1).An attempt was made to localize adenyl cyclase activity in different subcellular fractions of intestinal cells of
control and toxin treated loops.Results obtained with plasma
membranes, where the highest fraction of adenyl cyclase was found
were as follows.

Enzyme	Control	Toxin	
Adenyl cyclase	43.2 ± 11.0	112.6 ± 23.3	$\mu\mu$moles/mg · 20 min
Mg-ATPase	13.4 ± 3.0	16.8 ± 3.5	μmole/mg · h
NaK-ATPase	13.1 ± 4.0	5.4 ± 4.5	"
Alkaline Phosphatase	9.9 ± 1.5	10.9 ± 1.9	"
5'-Nucleotidase	3.4 ± 1.1	2.1 ± 0.4	"
Glucose 6-phosphatase	2.4 ± 0.4	2.7 ± 0.4	"

Adenyl cyclase activity increased 2.8 fold and NaK-ATPase activity decreased by 60 % in the toxin treated loops. Thus the site
of action of cholera toxin is the plasma membrane and appears to
be highly specific. It is considered that a factor regulating the
opposite changes of both phospholipid dependent enzymes might be
separated by the action of the toxin from NaK-ATPase carrying
plasma membrane subunits and enriched in adenyl cyclase carrying
subunits.
(1) Sharp,G.W.G. and Hynie,S. Nature (Lond.) 229:226(1971)
Institut für Klinische Physiologie, Klinikum Steglitz and Dept.
of Medicine and Harvard Med.School,Mass.General Hospital,Boston.

49

ACETYL-COENZYME-A CONTENT AND ENZYME ACTIVITIES OF KIDNEYS FROM HYPERTENSIVE
GOLDBLATT-RATS.
(Acetyl-Coenzym-A Gehalt und Enzymaktivitäten der Nieren von hypertonen Gold-
blattratten)

K.W. Rumpf, M. Mályusz

There is considerable evidence for a diminished blood flow in the clamped
kidney of hypertensive Goldblatt-rats. As demonstrated by earlier in vivo and
in vitro investigation N-acetylation of PAH is markedly reduced in this kidney.
A decreased content of acetyl-coenzyme-A which is required for the acetylation
reaction might be the reason for this finding. This assumption seems to be
reasonable because of the known dimished acetyl-coenzyme-A level during acute
ischemia.
We therefore determined the acetyl-coenzyme-A content of the kidneys of hypertensive Goldblatt-rats and of normal rats, using a modification of the isotope
assay of PRINZ et al. (Biochem.Z. 346,206, 1966).
Our results show that contary to our expectations the acetyl-coenzyme-A
content in the clamped kidney of hypertensive Goldblatt-rats was increased.
Hence the diminished N-acetylation of PAH in this kidney may not be ascribed to
low acetyl-coenzyme-A levels without making further assumptions. We therefore
suppose that decreased N-acetylation of PAH in the clamped kidney is caused by
changes in the pattern of acetylating enzymes.
The increase in the acetyl-coenzyme-A content found for the clamped kidney
contrasts with the known decrease observed during acute ischemia. This may be
explained by our finding that in the clamped kidney the specific activities of
the rate-limiting enzymes of the citric acid cycle are decreased.

Dr. M. Malyusz, Physiologisches Institut (II. Lehrstuhl), D-23-Kiel
Olshausenstr. 40-60.

50

CO_2-PRODUCTION FROM ^{14}C-LABELLED SUBSTRATES BY ISOLATED KIDNEY CELLS.
(CO_2-Produktion aus ^{14}C-markierten Substraten durch isolierte Nierenzellen)

H. Bertermann, B. Kusche und A. Schirmer

In previous experiments the heat production of the isolated mammalian kidney
remained constant for more than one hour even if the perfusion fluid did not
contain any metabolizable substrates. In order to get information on the
oxidative aspects of renal substrate turnover under conditions where the usage
of extracellular substrate pools is excluded Warburg measurements on kidney
cortex cells isolated by collagenase were carried out in isoosmotic media
containing the following substrates in plasma concentration: In each experiments one of these substrates was added $[U-^{14}C]$ labelled and the produced
labelled $^{14}CO_2$ was determined. So far the following turnover rates were found
$[$in $\mu Mol/g$ (dry weight) x min$]$: acetate 0,644; oleate 0,036; palmitate 0,011;
propionate 0,009; glutamate 0,133; L-lactate 1,3; glucose 0,247; pyruvate 0,167;
L-malate 0,014.
From the data follows that more than 65 % of the total O_2-consumption
(0,65 ml/g x min) is used for the oxidation to CO_2

H. Bertermann, Physiologisches Institut (II. Lehrstuhl) D-23-Kiel,
Olshausenstr. 40-60.

FETTSÄURESTOFFWECHSEL IN DEN VERSCHIEDENEN ZONEN DER RATTENNIERE
IN VITRO

M. Hohenegger und H. Dahlheim - m.techn.Assist.v.G.Wittmann
In den verschiedenen Nierenzonen (Rinde, äusseres und inneres
Mark) wurde die Palmitinsäure- und daneben auch die Essigsäure-
Verstoffwechslung mit Hilfe der Warburg-Technik untersucht. Es
wurde die Umsetzung der radioaktiven Fettsäuren (C-14) in CO_2
90 Minuten gemessen und auf das Feuchtgewicht (FG) der Nieren-
schnitte bezogen. Die Palmitinsäure war im Inkubationsgemisch in
einer Konzentration von 1mM/l an gereinigtes Rinderalbumin gebun-
den. Die Acetatkonzentration betrug 8 mM/l.- In der Rinde wurden
o,3 $\pm$ o,06 μM/g FG, im äusseren Mark o,4 $\pm$ o,04$_6$ μM/g FG und im
inneren Mark o,o9 $\pm$ o,o35 μM/g FG Palmitinsäure zu CO_2 oxydiert.
Entsprechend wurden für die Essigsäure als exogenes Substrat für
die Rinde o,99$_5$ $\pm$ o,288 μM/g FG, das äussere Mark 1,58 $\pm$ o,29
μM/g FG und für das innere Mark o,2o $\pm$ o,o9 μM/g FG bestimmt.
Alle Untersuchungen wurden bisher unter reinem O_2 ausgeführt.
Weder der Diuresezustand der Ratten noch die Natriumzufuhr (1-3
Wochen v.d.Experiment) hatten einen Einfluss auf die Palmitin-
säureoxydation. Ebensowenig veränderte die Gegenwart von Furose-
mid(10^{-4} M/l) im Inkubationsmedium die angegebenen Oxydationsra-
ten. Ouabain (10^{-3} M/l) verminderte bislang nur in einzelnen Versuchen die Grösse der Palmitatoxydation.

Dr. M. Hohenegger, Institut f. allg. u. exper. Pathologie der
Universität Wien, A-1o9o Wien, Währinger Str. 13

Dr. H. Dahlheim, Physiologisches Institut der Universität München, 8 München 2, Pettenkoferstr. 12

NIERENFUNKTION NACH HYPOTHERMER AEROBER ISCHÄMIE IN SITU
W.Isselhard, J.Witte, H.Denecke, M.Berger, J.H.Fischer
Die postischämische Erholung von Hundenieren in situ wurde untersucht nach Persufflation mit 100% O_2 über A. bzw. V. ren.(ortho-
grade bzw. retrograde aerobe Ischämie = oaI bzw. raI) und nach
herkömmlicher Ischämie (anaerobe Ischämie = I). Methode: In situ-
Perfusion für 4 min; 4 Std. Ischämie, T=6°C; Persufflationsdruck
bei oaI 100 mm Hg, bei raI 30 mm Hg; Gasabstrom bei oaI über V.
ren., bei raI über eröffnete Kapselvenen. Der renale Stoffwech-
selstatus (µM/g FG) war zu Ende der oaI und raI normal (ATP 1,87,
Summe der Adeninnucleotide=SAN 2,58), zu Ende der I anaerobiose-
bedingt verändert (ATP 0,20, SAN 1,57). Bei 60 min Wiederdurch-
blutung nach raI blieb der Status erhalten, nach I erfolgte eine
Erholung (ATP 1,36, SAN 2,12), nach oaI trat eine Verschlechte-
rung auf (ATP 1,23, SAN 1,96). Die Durchblutung war nach raI und
I normal, nach oaI nur 1/3 hiervon. In Überlebensversuchen starb
kein Hund nach raI und I, nach oaI starben 3 von 4 Tieren innerhalb 8 d in Urämie. Nach raI waren PAH- und Inulin-Clearance
nach 2 d normal, nach I erst nach 8 d. Der Harnstoffanstieg war
nach raI nur halb so hoch wie nach I, die Harnstoffausscheidung
nach raI sofort wesentlich höher als nach I oder oaI. Entsprechend verhielten sich Kreatinin, Na^{+}und K^{+} in Serum und Urin.
Die Versuchsergebnisse zeigen, daß im Gegensatz zur schlechten
Erholung der Nierenfunktion nach oaI, durch raI bei 100% O_2 und
einem Gasdruck von nur 30 mm Hg die Niere nicht nur kurzzeitig
gut konserviert werden kann, sondern auch die Erholungszeit
gegenüber derjenigen nach I deutlich verkürzt ist.
Prof. Dr. W. Isselhard
Abteilung für Exp. Chirurgie, 5 Köln 41, Robert-Koch-Straße 10

53

AKTIVIERUNG VON RENIN IM JUXTAGLOMERULÄREN APPARAT DURCH TUBULÄRES NATRIUM IM MACULA DENSA-SEGMENT.

K. Thurau, A. Grüner und June Mason

Zur Klärung, ob die Reninaktivität des juxtaglomerulären Apparates (JGA) durch die Elektrolytzusammensetzung der Tubulusflüssigkeit im macula densa-Segment (MDS) beeinflußt wird, wurden mit der Mikropunktion einzelne MDS der Rattenniere mit verschiedenen Elektrolytkonzentrationen für 4-20 min perfundiert. Nach Gefriertrocknung wurde die Reninaktivität in den perfundierten und Kontroll-JGA's (Mikrodissektion) enzymkinetisch (Dahlheim et al., Pflügers Arch. 321, 303, 1970) bestimmt.

Renin-Aktivität $(ng/0.1\ ml \cdot hr)$

	Perfund. JGA	Kontroll-JGA	p
NaCl 150 mM	35.7 ± 18.8	13.4 ± 6.7	< 0.0005
Mannitol 300 mosm	12.2 ± 8.0	18.9 ± 9.9	< 0.05
Cholin-Chlorid 150 mM	10.2 ± 4.2	13.9 ± 10.9	< 0.2
Lithium-Chlorid 150 mM	6.2 ± 4.5	10.2 ± 4.2	< 0.05
$Na_4[Fe(CN)_6]$ 60 mM	9.0 ± 6.7	17.5 ± 10.0	< 0.05
NaCl 150 mM plus Amilorid (10^{-4})	15.5 ± 9.2	15.6 ± 8.3	> 0.5

In der Nephroneinheit erfolgt somit eine Beeinflussung der JGA-Reninaktivität durch das tubuläre Na im MDS, was auf eine Beteiligung des Renin-Angiotensins am tubulo-glomerulären Rückkoppelungsmechanismus deutet. Nach den Ferrocyanid- und Amilorid-Daten muß dafür das tubuläre Na in die macula densa-Zellen gelangen.

Prof.Dr. Klaus Thurau, Physiol. Institut der Universität München, 8 München 2, Pettenkoferstr. 12

54

NACHWEIS UND REAKTIONSVERHALTEN DER IN DEN JUXTAGLOMERULÄREN

APPARATEN DER RATTENNIERE LOKALISIERTEN ANGIOTENSINASE(N).

H. Dahlheim u.m.techn.Assist.v.E.Schmidmeier

Frühere Untersuchungen zum Studium der intrarenalen Angiotensinbildung zeigten, dass in den mikrodissezierten juxtaglomerulären Apparaten (JGA) Angiotensinase entahlten ist. Zur Klärung der Frage, ob dieses Enzym für die intrarenale Angiotensinbildung und damit möglicherweise für die glomeruläre Filtration von Bedeutung ist, wurde das chemische Verhalten dieser JGA-Angiotensinase(n) mit Hilfe des Angiotensin-Rattentests untersucht. Nach Ultraschall-Aufschluss der Gewebspartikel wurde die Enzymaktivität unter Verwendung des synthetischen Angiotensinasesubstrates Hypertensin-Ciba ermittelt.- Das pH-Optimum lag bei pH 7,7. 23 - 5o % der Angiotensinaseaktivität liess sich mit EDTA (5mg/ml) und 63 % mit Trasylol (25oo KIE/ml) blockieren.Mit Hilfe der Methode der isoelektrischen Fokussierung wurden 2 isoelektrische Punkte (3,4 und 4,3) bestimmt.Bei Veränderung der NaCl-Konzentration in sonst elektrolytfreiem Medium nahm die Enzymaktivität bis etwa 5o mM/l NaCl stark zu und blieb dann bis 2oomM/l nahezu konstant.

Die Eigenschaften der JGA-Angiotensinas(n) stimmten weitgehend mit denen von der Angiotensinase überein,die in Anlehnung an Chandra et al.(Lab.Investigation 13(1964) 1192) mittels Differentialzentrifugation aus Nierenrinden-Homogenaten angereichert werden konnte.

PD.Dr.H. Dahlheim
Physiologisches Institut der Universität München
8 München 2, Pettenkoferstr. 12

55

CIRCADIAN CONTROL OF SODIUM AND POTASSIUM BALANCE: THE RELATION-
SHIP BETWEEN MEAN AND RANGE OF OSCILLATION OF 24-HR-RHYTHMS OF RE-
NAL EXCRETION OF SODIUM AND POSASSIUM
(Zirkadiane Regelung der Natrium-und Kaliumbilanz: Die Beziehung
zwischen Gleichwert und Schwingungsbreite der 24-Std.-Periodik der
renalen Natrium- und Kaliumausscheidung)

<u>H. Mann</u>

Renal excretion of sodium and potassium was investigated in 12 subjects during 31 experimental days. From the urine of equidistant
continuous 4-hr-intervals the excreted quantities of each substance were determined. Intake of food and fluid was left at choice.

Both variables exhibited clear 24-hr-rhythms with constant phase-
relationships with regard to the time of day. In both variables
there was a significant positive correlation between mean and
range of oscillation of the circadian periods ($p \ll 0,001$). Thus
greater quantities of each substance were excreted during the day
by augmentation of the circadian range of oscillation. This behaviour of oscillation is in accordance with the properties of a
pendulum oscillator (Wever, R., Kybernetik 1, 213-231, 1963)
These results are explained such as it is the mean of oscillation
of the circadian period which is controlled and not the instantaneous amount of each substance in the organism. Hence, the circadian oscillation may be essential for control of electrolyte balance.

Dr. H. Mann, Abteilung Innere Medizin II der Rhein.-Westf.-Techn.
Hochschule Aachen, 51 AACHEN, Goethestr. 27/29

56

ZUR CLEARANCE-BESTIMMUNG VON LISSAMINGRÜN AN RATTEN

<u>N. Parekh, G. Popa und M. Steinhausen</u>

Lissamingrün (LG) wird zur Messung tubulärer Passagezeiten an der
Nierenoberfläche des Warmblüters seit unserer ersten Beschreibung
1963 allgemein angewendet. Unter Kontrollbedingungen wird auf-
lichtmikroskopisch kein transtubulärer LG-Transport beobachtet,es
fehlen jedoch bisher detaillierte Clearance-Messungen. Der wesent-
lichste Grund hierfür liegt darin, dass LG mit Plasmaeiweiss eine
konzentrationsabhängige Leukoverbindung bildet, welche die Bestimmung des ultrafiltrablen LG-Anteiles im Plasma erschwert. Der
Anteil dieser Leukoverbindung beträgt bei einer 30 mg%igen LG-Lö-
sung in Rattenplasma 90%, bei höheren LG-Konzentrationen nimmt
dieser Anteil jedoch ab. Die LG-Bestimmungen werden darüberhinaus
durch eine starke pH-Abhängigkeit beim Extinktionsmaximum von 635
mu kompliziert, während das 2., niedrigere Extinktionsmaximum bei
425 mu deshalb ungeeignet ist, weil es in der Nähe des Plasma-
maximums gelegen ist. Unter Berücksichtigung dieser besonderen
chemischen Eigenschaften von LG führten wir mit gereinigtem, neu-
tralisiertem und isotonem LG bei Plasmaspiegeln zwischen 5 und 70
mg% Clearance-Messungen an Ratten durch, bei welchen neben der
Harnkonzentration von LG auch die proximale intratubuläre LG-Kon-
zentration mit Hilfe der Mikropunktionstechnik bestimmt wurde.
Unsere vorläufigen Ergebnisse lassen keine signifikanten Unterschiede zur gleichzeitig gemessenen Inulin-Clearance erkennen.

I.Physiologisches Institut der Universität Heidelberg
6900 Heidelberg, Akademiestr. 3

57

SEPARATION OF APICAL AND BASAL CELL SITES FROM RAT KIDNEY CORTEX
(Trennung der apikalen und basalen Membran von Tubuluszellen aus der Ratten-
nierenrinde). R. Kinne, H.-G. Heidrich, K. Hannig and E. Kinne-Saffran

Preparative flow electrophoresis (1) is used for the separation of microvilli
and membranes of the basal infoldings out of a plasma membrane fraction, isolated by differential centrifugation in an isotonic sucrose medium from rat
kidney cortex. After two runs of electrophoresis fractions can be obtained,
in which the Na-K-stimulated ATPase is enriched by a factor 16 compared to the
cortex homogenate, whereas the activity of marker enzymes for mitochondria,
endoplasmatic reticulum and lysosomes is extremely low. The specific activity
of alkaline phosphatase, a marker enzyme for microvilli, is only one third of
the activity in the cortex homogenate. Morphologically the membrane fraction
resembles classical plasma membranes with junctional complexes. Negatively
stained membranes show a smooth surface. In contrary to microvilli (2) no surface coat can be observed. The data show 1. that the apical and basal cell
sites could be separated almost totally from each other, 2. that the Na-K-
ATPase is not present in the apical microvilli but probably in the basal infoldings.

1. Hannig, K.: Jahrbuch der Max-Planck-Gesellschaft, 116 (1968)
2. Kinne, R.: Habilitationsschrift, Universität Frankfurt (1970)

Priv.-Doz. Dr. R. Kinne, Max-Planck-Institut für Biophysik, 6 Frankfurt/M.70,
Kennedyallee 70.

58

DER EINFLUß DER FLÜSSIGKEITSRESORPTION AUF DAS KONZENTRATIONSPRO-
FIL DER GLUKOSE IM PROXIMALEN TUBULUS DER RATTENNIERE (MIKROPER-
FUSIONSUNTERSUCHUNGEN)
H. von Baeyer und P. Deetjen

Perfundiert man Segmente proximaler Nierentubuli in situ mit glu-
kosehaltigen Ringerlösungen, so findet neben der Flüssigkeitsresorption auch ein Glukosetransport statt. Im Gegensatz zur Perfusion mit Gleichgewichtslösung sind aber die Konzentrationsabfälle
der Glukose erheblich flacher. Aus den von uns berechneten Konstanten des proximalen tubulären Glukosetransportes von K_m = 10,8
mM/l und V_{max} = 42,9 x 10^{-10} Mol/cm^2/sec lassen sich die Konzen-
trationsverläufe auch für diese Bedingung berechnen. In die Trans-
portgleichung der Glukose wird dabei der aus dem Anstieg der Inulinkonzentration nach Gertz berechnete laterale Wasserfluß eingesetzt.
In einer Meßserie mit 7,0 mM/l Ausgangskonzentration wurde eine
mit Bicarbonat gepufferte Ringerlösung benutzt. Der laterale Wasserfluß betrug 5,3 x 10^{-5}cm/sec. In einer 2. Meßserie mit 12,0 mM
/l Glukoseausgangskonzentration wurde eine ungepufferte Ringerlösung verwandt. Der laterale Wasserfluß betrug hier 8,1 x 10^{-5}cm/
sec. In beiden Serien ließ sich eine gute Übereinstimmung zwischen
rechnerischem Konzentrationsprofil und Meßpunkten finden.
Hieraus kann geschlossen werden, daß das Konzept des bei normalen
Konzentrationen konzentrationsabhängigen Glukosetransportes auch
mit den experimentellen Ergebnissen bei nicht unterdrücktem Wasserfluß vereinbar ist. Der laterale Wasserfluß hat somit lediglich den Effekt, über die Konzentrierung der tubulären Flüssigkeit einen pseudo-unidirektionalen Glukoseeinstrom zu bewirken.
Prof.Dr.P.Deetjen,Inst.f.Physiologie,A-6020 Innsbruck,Schöpfstr.41

59

SPECIFICITY OF THE L-ARGININE TRANSPORT SYSTEM IN RAT PROXIMAL
TUBULE (Spezifität des L-Arginin- Transportsystems am proximalen
Tubulus der Ratte). S. Silbernagl

L-arginine is reabsorbed by the proximal tubule in the rat by a
saturable transport system. L-lysine and L-ornithine inhibit this
mechanism competitively. In further microperfusion experiments
we studied the influence of L-arginine derivatives on the transport of 14-C-L-arginine at an intratubular pH of 7.4.
Results: 1. Citrulline and L-histidine (at pH 7.4) have no influence on the L-arginine transport 2. D-arginine, 5-amino-
valeric acid, agmatine and L-histidine (only at pH 5.0) inhibit
the L-arginine transport, but seem to have less affinity to the
transport system as L-arginine itself 3. L-ornithine, L-lysine
and L-homoarginine have about the same effect as L-arginine.
4. The structural requirements for transport by the L-arginine
system appear to be: a. The L-α-amino acid configuration.(L-
arginine derivatives missing the carboxyl-group or the α-amino-
group and D-arginine are transported, but they have a lower
affinity to the transport mechanism).
b. The existence of a second, ionised amino group. (Without this
group there is no transport at all).

Dr. S. Silbernagl, Physiologisches Institut der Universität,
A-6020 Innsbruck, Schöpfstr. 41

60

EFFECTS OF ACID AND BASIC POLYELECTROLYTES ON THE RAT PROXIMAL TUBULAR ISO-
TONIC REABSORPTION. (Der Effekt von sauren und basischen Polyelektrolyten auf
die isotone Flüssigkeitsresorption aus dem proximalen Tubulus der Rattenniere).
K. Sato and K.J. Ullrich.

The effect of basic polyelectrolytes injected into the tubular lumen on the
proximal isotonic reabsorption was studied using a modified Gertz split oil
droplet technique (1). A strong and longlasting inhibition of fluid reabsorption was observed when poly-L-lysine (10^{-5}M, Mol wt.$\simeq$100.000), polyornithine
and to a lesser extent protamine sulfate were perfused for less than one
minute directly through a segment of the proximal tubule in situ. Not polyme-
rized L-lysine has no such inhibitory effect even in a concentration of 50 mM.
The inhibitory effects of the basic polyelectrolytes were reversed by subsequent perfusion with sodium heparin (1250 unit/ml), an acid mucopolysaccharide.
Another acid polyelectrolyte, polyasparaginic acid (0.7 mM, mol.wt. 20.000)
was also shown to have a reversing effect, but to a much lesser degree. The
acid polyelectrolytes alone did not inhibit the isotonic absorption. The perfusion of trypsin (0.1 mg/ml) for two minutes after poly-L-lysine treatment
restored the proximal reabsorptive function. The total amount of poly-L-
lysine necessary to exert a maximal inhibitory effect was estimated by applying the drug between the oil column, until the maximal inhibitory effect was
reached. It was found that the minimal dose of polylysine is 4-5 orders of
magnitude less than that required to cover the entire brushborder surface. The
data suggest that basic polyelectrolytes combine electrostatically with negative fixed charges at the luminal brushborder and inhibit the entrance of Na^+
ion from lumen into the tubular cell.

1. Györy, A.Z.: Pflügers Archiv 324, 328-343 (1971).

Dr. Kenzo Sato, Max-Planck-Institut für Biophysik, 6 Frankfurt, Kennedyallee70

61

TUBULAR RESISTANCE IN NECTURUS KIDNEY DURING IONIC SUBSTITUTIONS
(Der elektrische Wandwiderstand des proximalen Tubulus der
Necturusniere während ionischen Wechsels) T.Anagnostopoulos

Transepithelial electrical resistance of proximal tubules was
measured in doubly perfused volume-expanded Necturus kidneys. The
animals were perfused either with Ringer's or with isosmotic solutions in which NaCl was substituted with 1) Na-benzene sulfonate (NaBZS), 2) Choline chloride (ChCl) or 3) LiCl.
Transepithelial input resistance decreased by 36 % and 41 % when
Na was replaced by choline and lithium respectively : substitu-
ting NaBZS for NaCl resulted in a 275 % increase in input resistance. Space constant (S.C.) was estimated from voltage attenua-
tion along tubular lumen. S.C. amounted to 275 μ in controls,
196 μ during ChCl perfusion, 150 μ during LiCl perfusion and
520 μ during NaBZS substitution. It is concluded that, at least
in these species, replacement of Cl by benzene sulfonate increases transepithelial resistance, whereas replacement of Na
by Li or choline decreases it.

Dr T.Anagnostopoulos, INSERM U.30, Hôpital des Enfants-Malades,
149, rue de Sèvres, PARIS 15e

62

SODIUM REABSORPTION BY PROXIMAL SURFACE TUBULES OF RATS WITH
EXPERIMENTAL HEART FAILURE (Natrium Resorption in oberflächlichen
proximalen Tubuli von Ratten mit experimenteller Herzinsuffi-
zienz) K.O. Stumpe, W. Habermann, H. Klein, Ch. Ressel

Experimental heart failure in rats was produced by an aorta-to-
vena cava (A-V) fistula placed below the origin of the renal ar-
teries. 7-14 days after the operation approximately 6o% of the
A-V rats were in a state of chronic sodium retention, which was
clinically evident by generalized pitting edema, ascites, and
pleural effusions. Urinary sodium excretion was significantly
lower in A-V rats than in control animals. No difference was
found in total glomerular filtration rate (GFR), superficial
single nephron GFR, PAH-Clearance and filtration fraction between the two experimental groups. However, A-V fistula rats absorbed a significantly greater percent of the filtered sodium in
superficial proximal tubules than did the control animals (late
proximal TF/P-Inulin: 3.2; controls: 2.2). This enhanced proximal
Na^+-absorption can explain the observed inability of the A-V rats
to excrete the daily sodium intake. Estimation of fluid absorption along the superficial loops of Henle did not reveal any difference between the two groups. The mechanism responsible for the
increased proximal sodium absorption is far from clear. Protein
concentration and hematocrit of peritubular capillary blood were
lower in A-V rats than in the controls.

Dr. K. O. Stumpe, Medizinische Klinik und Poliklinik der
Universität des Saarlandes, 665 Homburg/Saar

63

HYDRAULIC CONDUCTIVITY OF PROXIMAL TUBULES IN THE RAT KIDNEY AS
DETERMINED BY COLLOID OSMOTICALLY INDUCED WATER FLUXES (Bestimmung
der Filtrationspermeabilität des proximalen Konvoluts der Rattenniere durch kolloidosmotisch induzierte Wasserflüsse)
J. Schnermann, B. Agerup, E. Persson

Proximal tubular hydraulic conductivity (PTHC) is assumed to be
too low to permit a significant water flux due to available trans-
tubular hydrostatic and oncotic pressure gradients (Ullrich et
al., Pflügers Arch. 280, 99, 1964). However, recent results on
other epithelia raise the possibility that PTHC may depend upon
the nature of the driving force used to induce the osmotic water
flux. We therefore determined PTHC by using human serum albumin
(HSA) and polyvinylpyrrolidone (PVP) 27000 as the driving force.
By perfusing short tubular segments with solutions containing
different concentrations of either of these colloids an isotonic
concentration (Ciso) for HSA of 40 g% and for PVP of 24 g% was determined. From the slope of the curve relating colloid osmotic
pressure and water flux in the vicinity of Ciso we calculated
PTHC to be $51 \cdot 10^{-6}$ ml/cm$^2 \cdot$ sec $\cdot$ cm H$_2$O. To avoid high colloid
concentrations zero net water flux was achieved by perfusing tu-
bular segments with a 200 mM raffinose solution. Adding HSA in
concentrations up to 15 g% led to significant water flux into the
tubule. PTHC was $132 \cdot 10^{-6}$ ml/cm$^2 \cdot$ sec $\cdot$ cm H$_2$O. Thus, PTHC is
3-8 times higher than previously assumed. Consequently, transtu-
bular hydrostatic and oncotic pressure gradients could account
for a fraction of 15 to 35% of total transepithelial water flux.

Dr. J. Schnermann, Physiol. Institut der Universität München,
8 München 2, Pettenkoferstr. 12

64

ON THE EFFECT OF PERITUBULAR PROTEIN CONCENTRATION ON RE-
NAL PROXIMAL TUBULAR FLUID REABSORPTION IN THE VOLUME-EX-
PANDED RAT (Der Einfluß der peritubulären Eiweißkonzentration auf die Fil-
tratresorption im proximalen Nierentubulus der volumen-expandierten Ratte).
H. HOLZGREVE, R.W. SCHRIER

The method of peritubular capillary microperfusion (PCM) has offered the op-
portunity to control the peritubular environment and to study directly the importance of peritubular protein concentration on proximal tubular reabsorption. In control tubules without PCM during hydropenia and during recollection
after volume expansion TF/P Inulin decreased from 1.94 ± 0.34 to $1.37 \pm$
0.15 and absolute reabsorption from 3.73 ± 0.60 to 3.54 ± 1.42 nl/mm·min,
whereas single nephron filtration rate (SNFR) increased from 34 ± 6 to $54 \pm$
10 nl/min. In different tubules the peritubular environment was kept constant
by means of PCM with a solution containing 9-10 g% bovine albumin at a constant rate of 625 nl/min during both hydropenia and recollection after volume
expansion. In these perfused tubules TF/P Inulin decreased from 1.83 ± 0.40
to 1.34 ± 0.15 and absolute reabsorption from 3.64 ± 0.89 to 3.05 ± 1.46 nl/
mm·min and SNFR increased from 35 ± 8 to 50 ± 10 nl/min. By comparing the
changes in the non-perfused and the perfused tubules there is no difference.
Therefore, contrary to earlier studies (Brenner et al., 1971) in which a non-
perfused tubule served as the control of a perfused tubule, in our hands the
method of PCM does not support the concept that changes in peritubular oncotic pressure mediate the changes in proximal tubular reabsorption during volume expansion.

Dr. H. Holzgreve, 2. Med. Univ.-Klinik, 8 München 2, Ziemssenstr. 1

65

PROXIMAL TUBULAR FLUID REABSORPTION DURING RENAL ARTERIAL INFU-
SION OF ALBUMIN IN THE RAT (Flüssigkeitsresorption im proximalen
Konvolut der Ratte während einer Albumininfusion in die Nieren-
arterie). <u>J. Heller.</u>

In a previous study (Pflügers Arch. 329,115,1971), a significant
natriuresis and diuresis was observed in rats during a renal arterial infusion of hyperoncotic (25%) albumin at a rate of 77µl/
min as compared with similar infusion of saline.This natriuresis
and diuresis was not accompanied by an increase in inulin and
PAH clearance. In 11 rats, end-proximal TF/Pin was measured using 14-C-labelled inulin 20-30 min after the beginning of renal
arterial infusion of saline (S) or 25% albumin (A) at a rate of
77µl/min and compared with pre-infusion values (C). At this time, a significant natriuresis and diuresis in A was observed
($U_{Na}V$ = 2.19 + 0.19(SEM) µE/min in A vs. 0.48 + 0.05 in S; V =
13.03 + 0.99 µl/min in A vs. 5.89 + 0.45 in S). The TF/P values
were: 2.22 + 0.19 in C; 1.98 + 0.17 in S (p > 0.05); and 1.58 +
0.15 in A (p < 0.01,comp. with C). Although the plasma protein
concentration in peritubular capillaries was not measured, it
seems highly probable that it was elevated in A. Nevertheless,
this increase in plasma oncotic pressure was accompanied by a
decrease in fractional fluid reabsorption in proximal convolu-
tions of superficial nephrons.

Dr. J. Heller, Institute of Clinical and Experimental Medicine,
Prague 4 - Krč, Budějovická 809.

66

THE RELEVANCE OF "LOAD" TO NET TRANSPORT RATES OF GLUCOSE AND
PAH IN THE ISOLATED, ARTIFICIALLY PERFUSED KIDNEY OF RANA RIDI-
BUNDA. ADJUSTMENT OF INPUT BY ALTERING THE CONCENTRATION OF THE
PERFUSION SOLUTION OR BY VARYING TUBULAR PERFUSION FLOW. (Über
die Bedeutung der "load" für die Netto-Transportraten von Glucose
und PAH in der isolierten künstlich perfundierten Niere von Rana
ridibunda - Einstellen des Angebotes durch Änderung der Konzentration in der Perfusionslösung oder durch Variation des tubulären Perfusionsstromvolumens) <u>G. Vogel</u>
In the isolated, artificially perfused kidney of Rana ridibunda
the Na$^+$ load can be varied in two ways: either by changing the
input concentration or by changing the perfusion pressure, i.e.
the GFR. Given equal sodium inputs, more Na$^+$ is absorbed when the
perfusion pressure and thus GFR are varied. The question was
whether the two "Tm substances", glucose and PAH, conformed to
the same law. For this purpose glucose and PAH inputs were
adjusted approximately to the same level over three ranges, this
being brought about by varying the concentrations in the perfusion solution or by increasing perfusion flow (GFR) by raising
perfusion pressure. - When roughly equal amounts of glucose or
PAH were supplied, the net absorption rates of glucose or the
net secretion rates of PAH were identical. It is therefore
immaterial whether input is altered by adjusting concentration or
perfusion flow. This means that the tubule cells of the isolated
artificially perfused kidney of Rana ridibunda react in one way
to NaCl and differently to glucose and PAH.

Prof. Dr. med. G. Vogel, 5 Köln 91, Fa. Dr. Madaus u. Co.

67
DER EINFLUSS DES NIERENBECKENURINS AUF DIE OSMOTISCHE ENDHARNKON-
ZENTRATION DER RATTENNIERE.
W. Schütz, J. Schnermann

Die osmotische Konzentrierung des Harnes hat ihre Ursache in der
Multiplikation eines Einzeleffektes im Gegenstromsystem des Nie-
renmarks, wobei eine Reihe von Faktoren modifizierend mitwirken.
Als einer dieser Faktoren wurde die Wirkung des Nierenbeckenurins
auf die osmotische Harnkonzentration untersucht. Dazu wurden frei-
gelegte Nierenpapillen mit Lösungen unterschiedlicher Osmolarität
bespült (150, 300, 900, 1350, 1970 und 3000 mosm/l), die je zur
Hälfte aus NaCl und Harnstoff zusammengesetzt waren. Die Änderung
der Harnkonzentration wurde über 6 h verfolgt, wobei die kontra-
laterale Niere als Kontrolle diente. In einem Bereich zwischen etwa 800 und 1800 mosm/l nahm der Endharn annähernd die Osmolarität
der Bespülungsflüssigkeit an. Die Harnosmolarität der kontralate-
ralen Kontrollniere änderte sich in keinem Fall signifikant. Bei
Bespülung mit Lösungen unterhalb von etwa 800 mosm/l fand sich
dagegen kein weiterer Abfall der Harnosmolarität, desgleichen
fand sich kein weiterer Anstieg bei Bespülung mit Lösungen einer
Osmolarität von mehr als 1800 mosm/l. Diese Befunde lassen vermuten, daß transpapilläre Teilchen- und Wasserflüsse die Höhe der
osmotischen Konzentration im Innenmark und damit die Endharnkon-
zentrierung beeinflussen, wenn vorhandene Gradienten solche Flüsse ermöglichen. Gradienten zwischen Nierenbeckenharn und Innenmark
sind besonders ausgeprägt beim Übergang von einer Antidiurese zur
Wasserdiurese; sie sind jedoch auch vorhanden im antidiuretischen
Zustand für rindennahe Anteile des Innenmarks.

Dr. W. Schütz, Physiologisches Institut der Universität München,
8 München 2, Pettenkoferstraße 12

68
UNTERSUCHUNGEN ZUR FRAGE DER IDENTITÄT VON HILUSLYMPHE UND INTER-
STITIELLER FLÜSSIGKEIT IN DER NIERE
K. Gärtner, E. Banning, G. Vogel u. M. Ulbrich

Ziel der Untersuchung ist die Analyse der Frage, ob die Zusam-
mensetzung der Nierenhiluslymphe der interstitiellen Flüssigkeit
dieses Organs entspricht. Dazu wurden die Konzentrationen verschiedener Substanzen in Nierenlymphe, art. und ven. Nierenblut und
ihre Verteilungsräume in der Niere miteinander verglichen. Im einzelnen wurde erstens am Kaninchen die Inulinkonzentration in Hiluslymphe und im Plasma der V. renalis identisch gefunden (L/P =
0,99 $\pm$ 0,06) und für die bisher beobachteten Abweichungen die langen Ausgleichszeiten infolge des großen Totraumes verantwortlich
gemacht. Die Hiluslymphe entstammt einem Filtrations- resp. Dif-
fusionsprozeß, über dessen Lokalisierung nichts ausgesagt werden
kann.
Zweitens wurden an Ratten die Verteilungsvolumina für PVP 110 000
in der 3. - 5. h und 24 h nach Verabreichung der Testsubstanz entsprechend einem Serumvolumen von 21,5 $\pm$ 2,5 bzw. 31,8 $\pm$ 8,5 ml und
für PVP 650 000 entsprechend einem Serumvolumen von 19,7 $\pm$ 1,6 ml
bestimmt. Das Verteilungsvolumen für PVP 110 000 in der 3. - 5. h
ist signifikant größer als das des 131J-Albumin, das für PVP
650 000 entspricht ihm etwa. Ein Vergleich dieser Verteilungsvolumina mit den entsprechenden Lymphkonzentrationen beim Kaninchen
läßt eine mehrfache Kompartimentierung des interstitiellen Rau-
mes der Niere für Makromoleküle vermuten.

Prof. Dr. K. Gärtner, Tierlabor der Med. Hochschule Hannover und
Prof. Dr. G. Vogel, Biologisches Institut Madaus, Köln.

69

KORRELATIONEN DES ENDSYSTOLISCHEN VENTRIKEL-VOLUMENS PRO GEWICHTS-
EINHEIT (ESV/100 g) ZU POTENZFUNKTIONEN DES ARTERIELLEN DRUCKES
UND DER VENTRIKULÄREN DRUCKANSTIEGSGESCHWINDIGKEIT (dp/dt_{max})

CORRELATIONS OF THE ENDSYSTOLIC VOLUME (ESV/100 g LEFT VENTRICLE)
TO EXPONENTIAL FUNCTIONS OF ARTERIAL PRESSURE AND dp/dt_{max}
Bretschneider, H.J., <u>J. Martel</u>, G. Hellige, I. Hensel und D.
Kettler; Göttingen, Physiologisches Institut I

Mit der Formel $ESV/100\ g = 2\dfrac{P\,syst}{\sqrt{dp/dt_{max}}} \cdot k$ berechnete Werte zeigen
gegenüber entsprechenden endsystolischen Ventrikel-
Volumina, die mittels der HOLT-Methodik (Kälte-Verdünnungs-Tech-
nik) und Ventrikelwägung gemessen wurden, eine annähernd lineare
und direkt proportionale Beziehung mit einem Korrelationskoeffi-
zienten um 0,9. Bei ca. 100 Messungen in 8 Versuchen an Hunden
mit geschlossenem Thorax wurden der systolische Druck von 50 bis
250 mm Hg, dp/dt_{max} von 600 bis 12000 mm Hg/sec, die Herzfrequenz
von 60 bis 180/min, das Schlagvolumen von 10 bis 40 ml/100 g und
das ESV von 15 bis 75 ml/100 g durch Pharmaka variiert, ohne daß
sich signifikante systematische Abweichungen von der obigen Gleichung ergaben. Kompliziertere Potenzfunktionen bringen weniger
gute Resultate; auch der Ersatz des systolischen durch den diastolischen Druck liefert eine schlechtere Korrelation. In Kombination mit einem Verfahren zur absoluten Bestimmung des ESV erlaubt die Methode die Ermittlung des Ventrikelgewichtes und damit des Hypertrophiegrades in vivo. -

70

ÄNDERUNGEN DES ISOMETRISCHEN KONTRAKTIONSABLAUFS WÄHREND DER
RELAXATIONSPHASE NACH SCHNELLER DEHNUNG.
<u>R. Gülch</u>, B. Maisch, E. Wille, R. Jacob
Im Verlauf der Relaxationsphase nach schneller Dehnung des Ventrikelmyokards ist in der Regel eine erhebliche Steigerung der isometrischen Kontraktionsamplitude zu verzeichnen. Versuche an isolierten Katzenpapillarmuskeln bei unterschiedlicher Temperatur
und Ionenmilieu zeigen, dass dieses Phänomen aufgrund viskoelasti-
scher Modellvorstellungen (HOFFMAN 1968) und unter Berücksichtigung einer eventuellen adrenergen Komponente (MONROE 1966, GÜLCH
1971) nicht ausreichend interpretiert werden kann. In den ersten
Sekunden nach sprunghafter Erhöhung der Vordehnung ($\Delta L = 10\text{-max.}50\%$
von L_0) wird in der Mehrzahl der Fälle eine Amplitudenabnahme -
bezogen auf die entwickelte Kraftamplitude sofort nach Längenän-
derung - beobachtet. Für eine bestimmte Faserlänge führt die an-
schliessende Kontraktilitätssteigerung, die sich über wenige Minuten erstreckt, unabhängig von Geschwindigkeit und Modus der
vorausgehenden Dehnungsänderung letztlich zur gleichen Kontraktionsamplitude. Diese Amplitudensteigerung folgt einem anderen
Zeitgesetz als die diastolischen Nachdehnungserscheinungen und
wird im wesentlichen als Restitution einer initialen dehnungsbe-
dingten Kontraktilitätsminderung gedeutet. Die bereits für die
erste Kontraktion nach Dehnung postulierte Minderung der Kontraktilität wird mit steigender Grösse der gewählten Dehnungsstufe
ausgeprägter. Die Bedeutung dehnungsinduzierter Änderungen des
Erregungsablaufs für die beobachteten mechanischen Effekte wird
diskutiert.
Dipl.Phys. R. Gülch, Physiologisches Institut, Lehrstuhl II der
Universität Tübingen, 74 Tübingen, Gmelinstrasse 5

STUDIES ON FORCE-VELOCITY RELATIONS OF ISOTONIC RELAXATION IN
ISOLATED MAMMALIAN HEART MUSCLE (Untersuchungen über Kraft-Ge-
schwindigkeits-Beziehungen der isotonischen Relaxation am isolierten Herzmuskel). B.E. Strauer

The relationships between isotonic relaxation velocity and load
were studied in isotonic afterloaded twitches of cat papillary
muscles (n=22).
1. At a constant preload isotonic relaxation velocity progressi-
vely increased with increments of afterload; it became maximum
at loads of 30 per cent of Po, then decreased and was zero at
the maximum isometric muscle tension.
2. Increasing the preload (<Lmax) force-velocity relations of
isotonic relaxation were shifted upwards and to the right; at
preloads more than Lmax, however, force-velocity curves were depressed again at each comparable level of afterload.
3. These relationships were considerably influenced by different
bath temperature, frequency of stimulation and inotropic inter-
ventions (calcium, noradrenaline, propranolol); their typical
shape, however, qualitatively remained unchanged.
The results are discussed with regard to the 3-element-model of
cardiac muscle. They give evidence for both the existence of at
least one viscous property in series to the contractile element
and the contribution of a parallel elastic element to isotonic
relaxation velocity at high initial muscle lengths.

Dr. B.E. Strauer, Medizinische Klinik der Universität, Kardio-
logische Abteilung, D-3400 Göttingen, Humboldtallee 1

THE EFFECT OF RYANODINE ON THE FORCE-FREQUENCY-RELATIONSHIP
OF THE HEART MUSCLE
(Die Wirkung von Ryanodine auf die Kraft-Frequenz-Beziehung
des Herzmuskels)

E. Rumberger, U.Ahrens

The alkaloid Ryanodine ($C_{25}H_{35}NO_9$, 5×10^{-6} Mol/l) shifts the
maximum of the force-frequency-relationship of guinea pigs'
papillary muscle to lower frequencies of stimulation and
abolishes the restitution of contractility. Under the influence
of Ryanodine the amplitude of contraction elicited 1 sec after
cessation of rhythmical stimulation is independent of the foregoing frequency of stimulation, i.e. there is no pure frequency
potentiation. Ryanodine does not influence the duration of
action potential under modified stimulation pattern. NAYLER
et al. (Amer.J.Physiol. 219, 1620 (1970)) have found that
Ryanodine diminishes the calcium accumulating activity of the
sarcoplasmic reticulum of the heart muscle. Therefore, both
the restitution of the contractility and the pure frequency
potentiation may be attributed to the activity of the sarcoplasmic reticulum.

Priv.-Doz.Dr.E.Rumberger,Physiologisches Institut der Universität
2000 Hamburg 20, Martinistraße 52

73

Versuch einer Interpretation des Amplitudenmodulationsprofiles
bei transtracheal erzeugten intraventrikulären Druckschwingungen.

P.P. Lunkenheimer, H. Keller, H.H. Dickhuth, W. Rafflenbeul,
I. Frank

Die dem Ventrikeldruck aufgesetzten periodischen Druckschwankungen zeigen nach Filterpassage ein Amplitudenmodulationsprofil,
das eine charakteristische Zuordnung zum zeitlichen Ablauf der
Herzaktion zeigt. Stets läßt sich ein frühsystolisches Ampli-
tudenmaximum und ein spätsystolisches, zeitlich nicht vergleichbar konstantes, -Minimum nachweisen. Die verschieden hohe Schwingungsamplitude, bei über die Herzaktion wechselnder Myocard-
spannung, läßt sich bei der zu erwartenden starken Dämpfung weniger als Resonanzphänomen, als eher im Sinne der Druck-Volumen-
Beziehung, wie sie von der Ruhe-Dehnungs-Kurve bekannt ist, erklären. Es ergäbe sich die dynamische Druck-Volumen-Beziehung des
Herzens über den gesamten Bereich seines Funktionswechsels, aller-
dings unter Einflußnahme des sich über die Aktion ändernden mittleren Herzvolumens und bei Konstanz des Schwingungsvolumens , das
die periodische Dehnungsbelastung bewirkt. Damit wäre die wechseln-
de Steifheit des Myocards definierbar. Der Zusammenhang zwischen
Steifheit und Spannung wurde von Reichel aufgezeigt.

Physiologisches Institut, FU-Berlin, Dahlem, Arnimallee 22
Dr. P. P. Lunkenheimer

74

Angriffsweg transtrachealer Schwingungen zur Erzeugung intraventrikulärer periodischer Druckschwankungen.

P.P.Lunkenheimer   H.H. Dickhuth, H. Keller, W. Rafflenbeul,
I. Frank

Die Erklärungsversuche zum Wirkungsmechanismus aller Formen von
thorakaler Gegenpulsation als Versuch einer Rechtsherzunter-
stützung scheiterten an der Unkenntnis über den Transmissionsweg
intrathorakaler Druckänderungen zum Ventrikelinneren. Transtracheal erzeugte definierte periodische Druckänderungen im
Brustkorb bei unterschiedlichem mittlerem Blähungszustand der
Lungen durch Änderung des mittleren Tubusdruckes zeigten, daß der
Druckablauf im Herzinnenraum unvergleichlich viel empfindlicher
vom Aufspannungsgrad der Lunge abhängt als etwa der Druck in der
Pleurahöhle. Während die Schwingungsamplitude im Pleuraspalt vorwiegend von der im Tubus abhängt, zeigt die im Ventrikel eine
stärkere Bindung an die mittlere Blähung der Lunge. Dieser Befund
spricht eher für eine transpulmovaskuläre als für eine trans-
myocardiale Druckübertragung vom Pleuraraum auf den Ventrikel-
innenraum. Die Konsequenzen für die Wertung des transmuralen
Druckes zur Berechnung der Herzarbeit sollen an anderer Stelle
besprochen werden.

Dr. P. P. Lunkenheimer
Physiologisches Institut, FU-Berlin, Dahlem, Arnimallee 22

75

Die myokardiale Übertragung intrathorakaler Druckschwankungen.
Neue Vorstellungen zum transmuralen Druck

W. Rafflenbeul, P. P. Lunkenheimer, H. H. Dickhuth
Physiologisches Institut der FU Berlin, 1 Bln. 33, Arnimallee 22

Bei der Beschreibung der Leistungsfähigkeit des Herzens durch den
Tension-Time-Index wird der transmurale Druck (intraventrikulärer
Druck gegen Atmosphäre gemessen minus pericardialer Druck
gegen Atmosphäre) als Maß für die äußere Druckarbeit des Herzens
herangezogen . Diese Berücksichtigung des Umgebungsdruckes des
Herzens setzt voraus, daß der pericardiale Druck für das Myokard
eine zusätzliche Arbeitsbelastung oder -entlastung - je nach seiner Ausschlagsrichtung und der zugehörigen Herzaktionsphase - bedeutet. Bei den Versuchen zur pleuralen Gegenpulsation fanden
Lunkenheimer et al. eine Veränderung der Amplitude der dem Herzen
von außen aufgezwungenen Schwingungen bei ihrer Passage durch das
Myokard in Abhängigkeit von den in der Druckänderung enthaltenen
Frequenzen und dem Funktionszustand des Myokards. Dämpfungsphäno-
mene bewirken bei allen physiologisch vorkommenden und in den
Experimenten gewählten Frequenzbereichen einen intramularen Ener-
gieverlust im Sinne der dehnungswirksamen Druckgradienten. Somit
bringt uns die Berücksichtigung des transmuralen Druckes der Beurteilung der reellen Myokardleistung nicht näher.

76

COMPUTER RECONSTRUCTION OF THE ELECTRICAL PROPERTIES OF CARDIAC CELL
MEMBRANES (Computer-Rekonstruktion der elektrischen Eigenschaften von
Herzmuskelzellmembranen) . O. Hauswirth

Action and pacemaker potentials of a cardiac Purkinje fibre were simulated using a mathematical reconstruction (McAllister, Noble, and Tsien, in
preparation) based on recent voltage clamp data. The net membrane current
was computed by means of modified Hodgkin-Huxley equations and divided
by the capacitance of the cell membrane. The result (dV/dt) was integrat-
ed numerically by a Runge-Kutta method. Towards the end of the action
potential short (2 msec) rectangular current pulses of varying amplitudes
were applied to the model membrane; the minimum current strength necessary to elicit an extra response (threshold) was thereby computed. The
"effective refractory period" was determined by applying short pulses of
constant current and twice the diastolic threshold at various times during the cardiac cycle. The computed time course of the threshold and the
"effective refractory period" were in good agreement with experimental
observations. Small cathodal pulses applied during the course of the
pacemaker potential yielded a negative chronotropic effect as described
by Weidmann (1951). Also Weidmann's experiment showing the influence of
rectangular current pulses on the slope of the pacemaker potential was
reconstructed in a similar way. It is concluded that the present model
accurately predicts excitation phenomena in cardiac fibres.

Dr. O. Hauswirth, I. Physiologisches Institut der Universität
D - 69 Heidelberg, Akademiestr. 3

MEMBRANE CURRENT AND CONTRACTION IN FROG ATRIA (Membranstrom und Kontraktion am Froschvorhof). H.M. Einwächter, H.G. Haas, R. Kern

The relation between membrane current, voltage, and contraction was studied in short (about o.2 mm) segments of atrial strips using a double sucrose gap voltage clamp arrangement and a force-displacement transducer. The contractile response consisted of two components which markedly differed in their time and voltage dependence and ionic requirements. i) The first component was a twitch-like ("phasic") contraction with complete relaxation. The threshold of this contraction was close to that of slow Ca/Na inward current and distinctly higher than the threshold of fast Na current. A clamp duration of 150-200 msec was required for full activation of both slow inward current and contraction. With increasing depolarization, peak tension reached a maximum at membrane potentials between 0 and +20 mV and then decreased again. No staircase phenomenon was seen upon repetitive depolarization after short (up to some min) periods of rest. ii) The second component was a "tonic" contraction which developed slowly and was sustained during the whole duration of a depolarizing clamp. The threshold was by 10-20 mV higher than that of the phasic contraction. Plateau tension increased continuously with increasing depolarization and reached a maximum at membrane potentials around +100 mV. In Ca-free media the first component of contraction disappeared rapidly whereas the second component underwent a gradual reduction. Application of Ca-inhibitors affected only the first component. It is concluded that the phasic contraction is closely correlated to an inward movement of Ca ions across the cell membrane while the tonic contraction is based on a release of Ca from intracellular binding sites.

Prof.Dr.H.G.Haas, I. Physiologisches Institut der Universität,
D - 69 Heidelberg, Akademiestr. 3

ZUR WIRKUNG VON DIGITOXIGENIN AUF DAS MEMBRANPOTENTIAL NACH HYPOTHERMIE AM VORHOF DES MEERSCHWEINCHENHERZENS H. G. Glitsch.
Die vorübergehende Hyperpolarisation des Membranpotentials bei Wiedererwärmen zuvor unterkühlter Präparate von Warmblüterherzen wird wahrscheinlich durch den aktiven Na-Transport direkt verursacht. An Meerschweinchenvorhöfen wurde untersucht, ob eine Hemmung der Na-Pumpe durch Digitoxigenin ($2\cdot10^{-7}$g/ml und $3\cdot10^{-6}$g/ml) den Verlauf des Membranpotentials nach Hypothermie verändert.
Die Präparate wurden in K-armer Tyrode-Lösung mit Digitoxigenin unterkühlt und anschließend in normaler Tyrode-Lösung mit Digitoxigenin wiedererwärmt. Vor und nach Unterkühlung wurde das Membranpotential intracellulär abgeleitet. Der Wassergehalt, der Inulinraum sowie der Na- und K-Gehalt der Präparate wurden gemessen und die intracellulären Na- und K-Konzentrationen (Na_i, K_i) errechnet.
Bei Wiedererwärmen der Vorhöfe unter $2\cdot10^{-7}$g/ml Digitoxigenin blieben die gemessenen Größen gegenüber Kontrollwerten unverändert. $3\cdot10^{-6}$g/ml Digitoxigenin bewirkte eine Hemmung des aktiven Na- und K-Transports (nach Unterkühlung Na_i 78,6 ± 5,35, K_i 73,4 ± 4,17; nach 10 min Wiedererwärmen Na_i 71,3 ± 6,59, K_i 85,3 ± 4,13 mM/1FW. Kontrollen: nach Unterkühlung Na_i 57,3 ± 4,93, K_i 82,6 ± 3,16; nach 10 min Wiedererwärmen Na_i 42,5 ± 5,99, K_i 121,9 ± 5,18 mM/1FW). Gleichzeitig war keine Hyperpolarisation des Membranpotentials beim Wiedererwärmen dieser Präparate nachweisbar.
Die Versuchsergebnisse weisen darauf hin, daß der aktive Na-Transport am Warmblütermyokard die Hyperpolarisation des Membranpotentials nach Hypothermie hervorruft.

Dr. H. G. Glitsch, Lehrstuhl für Zellphysiologie der Ruhr-Universität Bochum, D 4630 Bochum, Postfach 2148.

79

VERGLEICHENDE UNTERSUCHUNGEN ÜBER DAS TREPPENPHÄNOMEN UND DIE
POSTEXTRASYSTOLISCHE POTENZIERUNG AM MYOKARD VERSCHIEDENER
WIRBELTIERSPEZIES! H.Homburger, W.Schleiermacher, H.Antoni.

Frühere Untersuchungen (ANTONI, JACOB, KAUFMANN: Pflügers Archiv
306,33 (1969) lassen vermuten, daß charakteristische Unterschiede in der elektro-mechanischen Koppelung des Frosch- und Säuge-
tiermyokards auf der unterschiedlichen Ausbildung des transversalen und longitudinalen Tubulussystems (TTS,LS) des sarkoplasmatischen Retikulums (SR) beruhen. In Fortführung dieser Studien
wurde nunmehr speziell anhand des Treppenphänomens (TP) und der
postextrasystolischen Potenzierung (PEP) geprüft, ob sich Myokard-
präparate verschiedener Wirbeltierspezies unterschiedlich verhalten und inwieweit solche Unterschiede mit bekannten Modifikationen in der Entwicklung des SR einhergehen. Als Versuchsobjek-
te dienten Präparate des Vorhof- und Ventrikelmyokards von
Fischen (Salmo irideus), Fröschen (R.esculenta), Kröten (B.viridis,
B.marinus), embryonalen und ausgewachsenen Meerschweinchen.
Die Untersuchungen ergaben, daß sich TP und PEP unterschiedlich
verhalten. Die PEP fehlt bei dünnen Fasertypen ohne TTS (Fisch,
Frosch, Kröte). Offenbar besteht ein enger Zusammenhang zwischen
der Stärke der PEP und dem Grad der Ausbildung des TTS. Dagegen
zeigt das TP keine erkennbare Abhängigkeit von der Ausbildung
des SR. Im Unterschied zu allen anderen untersuchten Fasertypen
ist beim Vorhof- und Ventrikelmyokard des Fisches unter verschiedenen Bedingungen (Variation von Frequenz und Ca^{++}-Gehalt) nur eine
negative Treppe nachweisbar.

Dr. H. Homburger, Physiologisches Institut der Universität,
6 Frankfurt a.M., Ludwig Rehn Str.14

80

VERHÜTUNG ISOPROTERENOL-INDUZIERTER MYOCARDNEKROSEN DURCH SENKUNG
DES PLASMACALCIUM-SPIEGELS MITTELS CALCITONIN
A. Fleckenstein, O. Pachinger, O. Leder, B. Hein u. J. Janke

Die Ca^{++}-Überladung der Myocardfasern ist nach unseren früheren
Untersuchungen der dominierende Kausalfaktor bei der Entstehung
von Herznekrosen bei Ratten. So fördert Dihydrotachysterol, das
den Ca^{++}-Spiegel im Plasma erhöht, den Untergang des Myocardgewe-
bes durch Potenzierung der Isoproterenol-induzierten Ca^{++}-Aufnah-
me.Andererseits können Ca^{++}-antagonistische Inhibitoren der elek-
tromechanischen Koppelung (Verapamil, sein Methoxyderivat D 600
und Prenylamin) die Isoproterenol-bedingte Steigerung der Ca^{++}-
Inkorporation und die Bildung von Nekrosen verhüten (1,2,3). Ein
ähnlicher Nekrose-Schutz wird nach den jetzt vorliegenden Ergebnissen auch durch einfache Senkung des Plasma-Ca^{++} mittels Calcitonin erreicht (2 x 4 Einheiten Schweine-Calcitonin s.c./100 g
Ratte im Abstand von 4 Std). Derart behandelte Tiere nehmen unter
dem Einfluß von Isoproterenol (30 mg/kg) nur noch etwa 1/3 der
üblichen Menge an markiertem Ca^{++} in die Herzmuskulatur auf, zeigen nur geringe histologische Veränderungen und lassen einen
stärkeren Übertritt von Myocardfermenten (LDH, Laktat-1-Isoenzym,
GOT) ins Plasma vermissen.

1) Fleckenstein, A.:In: Calcium and the Heart, p.135-188, ed.by P.
   Harris and L. Opie. Academic Press, London and New York (1971).
2) Fleckenstein, A., J. Janke, H.J. Döring u. O. Leder: Verh.
   Dtsch. Ges. Kreisl. Forsch. 37, 345-353 (1971).
3) Janke, J., A. Fleckenstein u. W. Jaedicke: Pflügers Arch. 316
   R 10 (1970); 319 R 8 (1970).
Anschrift der Verfasser: Physiologisches Institut der Universität
D-78 Freiburg i.Br., Hermann-Herder-Str. 7

DER EINFLUSS VON ORGANISCHEN Ca^{++}-ANTAGONISTEN AUF DIE MITOCHON-
DRIALE RADIOCALCIUM-AUFNAHME IM RATTENHERZEN
J. Janke, H. Bernsmeier, E.L. Nirdlinger u. A. Fleckenstein

Nach vorausgegangenen Untersuchungen kommt es unter dem Einfluß
hoher Dosen ß-sympathomimetischer Amine (z.B. Isoproterenol) zu
einem maßiven Einstrom von markiertem Ca^{++} in die Myocardfasern.
Ein Großteil des inkorporierten Radiocalciums wird dabei in den
Mitochondrien wiedergefunden. Durch Inhibitoren der transmembranären Ca^{++}-Fluxe,wie z.B.Verapamil und sein Methoxyderivat D 600,
lässt sich die Isoproterenol-bedingte Steigerung der ^{45}Ca-Netto-
Aufnahme ins Innere der Myocardfasern verhindern (1,2,3). Gleichzeitig geht dann auch - wie die jetzt vorliegenden Befunde zeigen - die ^{45}Ca-Inkorporation in die Mitochondrien stark zurück.
Diese Reduktion des Ca^{++}-Einbaus in die Mitochondrien ist offenbar
nicht nur durch die Abnahme der Radiocalcium-Konzentration im
Zytoplasma bedingt, sondern auch durch eine direkte Hemmung der
Ca^{++}-Permeabilität der Mitochondrien-Membran selbst verursacht.
Hierfür spricht, daß auch an isolierten Mitochondrien die Abgabe
von markiertem Ca^{++} durch D 600 hemmbar ist. Verapamil und D 600
dürften also auch die Ca^{++}-Fluxe an intracellulären Membranstruk-
turen einschränken.
1) Fleckenstein, A.:In: Calcium and the Heart, p.135-188, ed.by P.
   Harris and L. Opie. Academic Press, London and New York (1971).
2) Fleckenstein, A., J. Janke, H.J, Döring u. O. Leder: Verh.
   Dtsch. Ges. Kreisl. Forsch. 37, 345-353 (1971).
3) Janke, J., A. Fleckenstein u. W. Jaedicke: Pflügers Arch. 316
   R 10 (1970; 319 R 8 (1970).
Anschrift der Verfasser: Physiologisches Institut der Universität
D-78 Freiburg i.Br., Hermann-Herder-Str. 7

THERAPIE-REFRAKTÄRE MYOKARDINSUFFIZIENZEN ALS MÖGLICHE FOLGE
EINER SCHÄDIGUNG DER TRANSVERSALEN TUBULI DURCH HOHE DOSEN VER-
SCHIEDENER INHALATIONSNARKOTICA (VERSUCHE AM HERZ-LUNGEN-PRÄPARAT
(HLP) DES MEERSCHWEINCHENS).
H.J. Döring, R. Olbrisch u. A. Model.

Überdosierung einiger Inhalationsnarkotica (Äthyläther, Chloroform,
Chloräthyl, Fluothane, Penthrane) sowie verschiedene Barbiturate
führen am HLP zu schweren kontraktilen Insuffizienzen. Die Herzen
wurden auf dem Höhepunkt der Insuffizienz zur Analyse der säurelös-
lichen Phosphat-Fraktionen eingefroren. Hierbei ergab sich ein-
heitlich das Bild einer Utilisations-Insuffizienz (1) mit Anstieg
der Quotienten Kreatin-P/Ortho-P bzw. ATP/ADP über die Norm (2).
Während jedoch die Barbiturat-Insuffizienzen durch $CaCl_2$, Isoproterenol und Strophanthin - unter Reaktivierung der ATP-Umsetzun-
gen - rasch behoben wurden, waren die Insuffizienzen durch die
Inhalationsnarkotica praktisch Therapie-resistent. Elektronenop-
tische Untersuchungen ergaben bei den Barbiturat-Insuffizienzen
eine normale Struktur der transversalen Tubuli. Die Inhalationsnarkotica erzeugten dagegen auffällige Veränderungen (maximale
Lumenerweiterung u.a.). Die geringe Reversibilität der durch Inhalationsnarkotica bedingten Insuffizienzen beruht daher wahrscheinlich auf irreversiblen Strukturschäden am morphologischen
Substrat der elektro-mechanischen Koppelung.
1) Fleckenstein A., H.J. Döring u. H. Kammermeier: Int.Symp.on
   the Coronary Circulation and Energetics of the Myocardium.
   Milan 1966, pp 220-236 (Karger, Basel/New York 1967).
2) Döring H.J. u. R. Olbrisch: IV. Symp.Anaesth.Int., Verna (1969).
Physiol.Inst.der Univ.Freiburg,D-78 Freiburg, Hermann-Herder-Str.7

83

DIE ABHÄNGIGKEIT DER REAKTIVIERUNG DES SCHNELLEN TRANSMEMBRANÄREN NA$^+$-STROMS VON MEMBRANPOTENTIAL, TEMPERATUR UND STOFFWECHSEL DER WARMBLÜTERMYOKARDFASER. <u>M. Kohlhardt, H.-P. Haastert, H. Krause u. S. Wolschin.</u>

Der für den Aufstrich des Aktionspotentials verantwortliche schnelle Na$^+$-Strom wird im Laufe der Erregung wieder inaktiviert. Die Dauer der dadurch bedingten Refraktärzeit hängt dann von der Geschwindigkeit ab, mit der der Na$^+$-"Carrier" für den Na$^+$-Transport wieder erneut verfügbar wird. In voltage clamp-Experimenten an Trabekeln aus dem rechten Ventrikel von Katzen wurde die Regeneration des Na$^+$-Transportsystems analysiert. Der Reaktivierungsprozess wird mit Zunahme des Ruhepotentials beschleunigt und bei Senkung des Ruhepotentials verzögert. Außerdem wird die Reaktivierung durch die Größe des depolarisierenden Klemmschritts beeinflußt. Eine Senkung der Badtemperatur um 10° C verlangsamt die Reaktivierungsgeschwindigkeit mit einem mittleren Q_{10} von 2. Den gleichen Effekt haben Stoffwechselinhibitoren, jedoch nur dann, wenn gleichzeitig Atmungskettenphosphorylierung und anaerobe Glykolyse gehemmt sind. Diese Befunde zeigen, daß die Dauer der Refraktärzeit nicht nur von der Geschwindigkeit der Repolarisation bestimmt wird, sondern außerdem auch von metabolischen Faktoren abhängt, die bei der Regeneration des Na$^+$-Transportsystems nach einer Erregung ins Spiel kommen.

Anschrift der Verfasser: Physiologisches Institut der Universität, D-78 Freiburg i.Br., Hermann-Herder-Str. 7.

84

Ca-MOVEMENT CONTROLLING MAMMALIAN MYOCARDIAL CONTRACTILITY I: VOLTAGE- AND TIME-DEPENDENCE OF MECHANICAL PARAMETERS UNDER VOLTAGE CLAMP CONDITIONS.
(Die myokardiale Kontraktilität in Abhängigkeit von zellulären Ca^{++}-Bewegungen I: Messung mechanischer Parameter unter voltage-clamp Bedingungen am Warmblütermyokard).
<u>H. Tritthart, R. Kaufmann, H.P. Volkmer.</u>

Contractile activity of cat ventricular myocardium was measured at 30° C under voltage clamp conditions using a double sucrose gap technique. Long lasting depolarizing square clamps produced only phasic contractions showing full relaxation during maintained depolarization (up to 2 sec) in contrast to frog myocardium in which sustained contractures occur (Goto et al., Jap. J. Physiol., 21, 159, 1971). The mechanical threshold was found to be variable and dependent on the amount of preceeding Ca-inward current as evoked by conditioning clamp steps. Similar to results obtained by Gibbons and Fozzard (Circ. Res. <u>28</u>, 446, 1971) on Purkinje-fibres, the availability of the activator system necessary for the next contraction recovered gradually, dependent on the duration and the voltage of an interpolated repolarizing step. This indicates that during relaxation, activator Ca is first removed from the contractile system by a voltage independent process. In a second voltage and time dependent step activator Ca must then be made available for the next contraction. Based on these and other results an analogue computation of cellular Ca movements was performed.

Physiologisches Institut der Universität, D-78 Freiburg i.Br., Hermann-Herder-Str. 7.

85

Ca-MOVEMENTS CONTROLLING MAMMALIAN MYOCARDIAL CONTRACTILITY II: ANALOGUE COMPUTATION OF CONTRACTILE BEHAVIOUR ASSUMING A MULTICOMPARTMENT MODEL.
(Die myokardiale Kontraktilität in Abhängigkeit von zellulären Ca-Bewegungen II: Simulierung kontraktiler Phänomene am Analogcomputer auf der Basis eines Multi-Compartment Modells)

R. Kaufmann, H. Krause, H. Tritthart

An analogue computation of cellular and transmembrane Ca-movements during e.c.-coupling was undertaken based on a multi-compartment model. The model includes an extracellular space of constant Ca-concentration (e) from which Ca crosses the membrane reaching the myoplasma by a voltage and time dependent process (0k1). The free myoplasmic Ca-content (c) is considered to reflect the intensity of the active state. Ca can be taken up either by a carrier-sustained (s) two step reaction (2k2 and 1k3) into the compartment (l) representing some parts of the longitudinal system or via 1k5 into another pool (m) presumably mitochondria. Finally Ca can leave the cell via a reaction governed by the rate constant 1k7 or can be released again from (l) into the myoplasma (c) by the second order reaction (2k4). As expressed by voltage dependent constants ($\alpha,\beta,\gamma,\delta$) repolarisation favours the rate constants 0k1, 2k4 and 1k7 and inhibits the 1k3 process. This model shows the phenomena of positive and negative staircase after both changes of frequency and AP-duration. One can further simulate the results obtained under voltage clamp conditions, i.e. a variable mechanical threshold, a voltage independent relaxation and a voltage dependent recovery of the e.c.-coupling system.

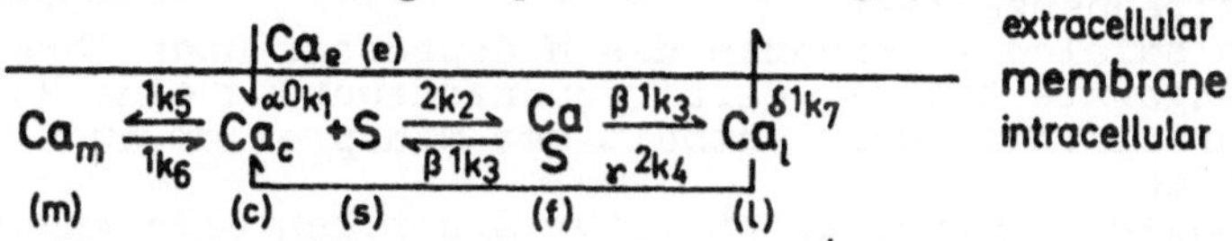

Dr. R. Kaufmann, Physiolog. Inst. d.Univ. Freiburg/Br. Hermann-Herder-Str.7

86

INFLUENCE OF SYMPATHETIC AND VAGAL HEART NERVE STIMULATION ON CONDUCTION VELOCITY IN THE MYOCARDIUM OF THE DOG.
(Einfluß von Herzsympathicus- und Herzvagusreizung auf die Geschwindigkeit der elektrischen Erregungsausbreitung im Myocard am Hund.)

N. Hahn, W. Kau, B. Falke, R. Sharif, P. Brinckmann

In 17 dogs anaesthetized by Polamivet and chloralose- urethan 110 electric stimulations (stimulus duration = 30sec) were applicated on the sympathetic and vagal heart nerve. The conduction velocity was determined by the differential quotient of QRS in the ECG (DQRS).
Changes of DQRS after stimulation of sympathetic heart nerve: max. value: + 8.3 ± 1.2% (right: + 4.9 ± 0.8%; left: + 13.5 ± 2.4 %). Mean increase in 50sec from the beginning of the stimulus: + 3.7 ± 0.7% (right: + 1.9 ± 0.5%; left: + 6.6 ± 1.5%). Stimulation of vagal heart nerve leads to noncharacteristic changes of DQRS that are quantitatively different from that after stimulation of the sympathetic heart nerve. Mean changes of DQRS in 50sec from the beginning of the stimulus: - 1.0 ± 0.6% (right: - 0.4 ± 0.8%; left: - 2.0 ± 0.7%). This means, stimulation of sympathetic heart nerve induces an increase of conduction velocity, stimulation of vagal heart nerve a slight decrease. Differences are significant. In simultaneous stimulation of both heart nerves the sympathetic effects are predominant.

Privatdozent Dr. med. Norbert Hahn, D - 5300 Bonn- Venusberg, Experimentelle Chirurgie

AFFERENTE REIZUNG VON HERZNERVEN DES HUNDES UND IHR EINFLUSS
AUF DIE HERZFREQUENZ
– Verlaufen kardiale Afferenzen im N.depressor? –
A. v.Ungern-Sternberg, R. Pingsten und J.O. Arndt

Vermutlich spielen Vorhofafferenzen bei der Herzfrequenzsteuerung
eine Rolle. Deshalb wurde versucht, durch afferente Reizung verschiedener Herznerven den Verlauf dieser Afferenzen, ihren Herzfrequenzeffekt sowie die zentrale Verarbeitung ihrer Signale zu
analysieren. An Hunden in Chloralose-Narkose wurden die verschiedenen Herznerven nach linksseitiger Thorakotomie während Über-
druckbeatmung identifiziert und afferent zu bestimmten Phasen des
Herzzyklus mit Impulssalven variabler Frequenz und Dauer gereizt.
Der Herzfrequenzeffekt wurde in Abhängigkeit vom Zeitpunkt der
Salve, ihrer Frequenz und Dauer analysiert, wobei der Blutdruck-
einfluß auf die arteriellen Barorezeptoren berücksichtigt wurde:
1. Herzfrequenzeffekte waren nur vom N.depressor auslösbar, und
   zwar immer Bradykardien.
2. Bei mittleren Erregungsraten von 40 – 60 Impulsen/Sekunde war
   die Herzfrequenzabnahme maximal.
3. Die Bradykardie wurde bei konstant gehaltenem Blutdruck im
   Aortenbogen signifikant stärker.
4. Der Druck im Carotis-Sinus-Gebiet hatte keinen wesentlichen
   Herzfrequenzeffekt.
Demnach spielen Afferenzen des N.depressor über ihre mittlere
Entladungsrate bei der Herzfrequenzsteuerung eine Rolle. Mit hoher Wahrscheinlichkeit enthält der N.depressor auch kardiale
Afferenzen.

Dr. v.Ungern-Sternberg, Abt. für Experimentelle Anaesthesiologie,
Universität Düsseldorf, 4000 Düsseldorf, Moorenstr. 5

HEMMUNG EINER NERVALEN ACETYLCHOLINFREISETZUNG AM VENTRIKELMYOKARD
DES MENSCHEN DURCH ABGESTUFTE TETRODOTOXIN-VERGIFTUNG.
G. Sieber, E. Wille, G. Kissling

Bei adrenergisch gesteigerter Inotropie können am Ventrikelmyokard
der Katze Kontraktilitätsminderungen durch endogenes, elektrisch
freigesetztes Acetylcholin (ACh) demonstriert werden (Jacob u.
Mitarb. 1970, Kissling u. Mitarb. 1970).
In vergleichenden Untersuchungen an Herzmuskelpräparaten verschiedener Warmblüterspezies einschliesslich des Menschen sollte das
Ausmass der durch Anwendung hoher Reizspannung und Reizserien in
der Refraktärzeit des Muskels auslösbaren negativen Inotropie bestimmt sowie die Herkunft des endogenen ACh geklärt werden.
Während entsprechend den Befunden mit exogenem ACh (Antoni 1966)
am Kammermyokard von Ratten und Meerschweinchen keine Minderung
der isometrischen Kontraktionskraft nachzuweisen war, konnten an
catecholaminentspeicherten Papillarmuskeln von Mensch, Hund und
Katze isoproterenol - sowie auch theophyllinantagonistische Hemm-
effekte beobachtet werden. Am Streifenpräparat junger Hühner und
Enten bewirkte elektrisch freigesetztes ACh bereits ohne Vorbehand-
lung eine Minderung der Kontraktilität. Neostigmin verstärkte,
Atropin und Hemicholinium beseitigten oder verminderten diese Effekte. Ebenso blockierte Tetrodotoxin in nicht muskelwirksamen Konzentrationen (1 - 2 . 10^{-7} g/ml) die durch elektrische Reize aus-
lösbare negative Inotropie. Daraus wird geschlossen, dass auch am
Kammermyokard des Menschen aus parasympathischen Nervenendigungen
ACh freigesetzt werden kann.

Cand. med. G. Sieber, Physiologisches Institut, Lehrstuhl II der
Universität Tübingen, 74 Tübingen, Gmelinstrasse 5

BESTIMMUNG DER LOKALEN MYOGLOBINKONZENTRATION IM MEERSCHWEINCHENHERZEN
(Determination of Local Myoglobin Concentration in Guinea Pig Heart)
E.K. Follert, D.W. Lübbers

Im Anschluß an Fabel, Lübbers und Rybak (1964) haben wir versucht, die lokale
Myoglobinkonzentration im hämoglobinfrei perfundierten Meerschweinchenherzen
durch polarographische Messung des pO_2 mit 15μ Pt-Elektroden aus dem pO_2-
Abfall pro Zeiteinheit während einer Ischämie quantitativ zu erfassen.
Voraussetzung ist, daß die Atmung konstant bleibt. Aus dem unterschiedlichen
zeitlichen Druckabfall, der durch die Freisetzung von O_2 aus dem Myoglobin gemäß seiner Bindungskurve resultiert, wird der Scheinlöslichkeitskoeffizient α'
berechnet. Daraus läßt sich die Myoglobinkonzentration bestimmen unter Berücksichtigung der Myoglobinbindungskurve. Um ihre Steigung zu berechnen, wurde
die experimentell ermittelte Bindungskurve (Antonini, E., 1965; Theorell, H.,
1934) durch eine Hyperbel der allgemeinen Form

$$y = \frac{-a}{x + c} + b \text{ approximiert.}$$

Die pO_2-Meßwerte wurden digital gespeichert und die Myoglobinkonzentration an
jedem Punkt des pO_2-Abfalls zwischen 5 - 50 Torr errechnet.
Die Myoglobinkonzentration im Meerschweinchenherzen schwankt zwischen 0,106
und 0,531 g % des Feuchtgewichtes mit einem Mittelwert von 0,326 g % bei
einer Standardabweichung von $\pm$ 0,121, was auf eine inhomogene Verteilung des
Myoglobins hinweist.

Max-Planck-Institut für Arbeitsphysiologie, D-4600 Dortmund,
Rheinlanddamm 201

SEMILOCAL MEASUREMENT OF OXYGEN PRESSURE IN HUMAN MYOCARDIUM
(Semilokale Messung des Sauerstoffdrucks im menschlichen Myocard)
Schuchhardt, S., Mendler, N., Sebening, F.

70 values of oxygen pressure (pO_2) were measured polarographically in the beat-
ing heart of 6 patients during heart operations. Recessed membrane-covered pO_2-
cannula-electrodes were used; diameter of the tip: 0.3 and 0.5 mm; diameter
of the platinum-wire: 15 micron; mean measuring current for air: 2.6 nA. The
electrodes were calibrated in a mobile calibration set which could be fixed
near the patient's heart. Electrodes and set were sterilized in ethylene oxide
(Sterivit method).
The measuring qualities of the electrodes were not altered by the sterilization
50 pO_2 values were measured in the macroscopically normal myocardium of the
right or left ventricle of 4 patients with either coronary stenosis or valvu-
lar disease. The mean tissue pO_2 in a depth range of about 1 - 5 mm was 22
Torr. The frequency distribution of these values showed a progressive accumulation towards the low pO_2-classes. The range 0 - 10 Torr contained 32 % of all
values.

Schuchhardt, S.: pO_2-Messung im Myocard des schlagenden Herzens. - Pflüg.Arch.
322, 83 (1971)
Schuchhardt, S., Lösse B.: Methodical problems when measuring with pO_2 needle
electrodes in semi-solid media. In: Kessler et al. (Edit.): Internation.
Workshop on oxygen Transport in Tissue. Urban & Schwarzenberg, München;
in print

Doz. Dr. S. Schuchhardt, Max-Planck-Institut für Arbeitsphysiologie,
D-46 Dortmund, Rheinlanddamm 201
Prof. Dr. F. Sebening, Dr. N. Mendler, Chirurgische Universitätsklinik,
D-8000 München, Nußbaumstr. 20

MYOCARDIAL OXYGEN CONSUMPTION IN ISOMETRIC CONTRACTIONS QUICKLY
RELEASED AT THE SAME LEVEL OF TENSION WITH VARIOUS RATES OF
TENSION DEVELOPMENT.

Y.K. Byon

In an isolated rabbit papillary muscle the role of rate of tension development in energy expenditure during myocardial contraction was examined by using the quick-release technique. By
this procedure active tension can be suddenly abolished at any
moment in the rising phase of contraction cycle, so that full
relaxation occurs at a pre-set tension reached, regardless the
rate of tension development. Simultaneously the oxygen consumption was measured with a flow-respirometer. The results clearly
indicate that the additional uptake of oxygen due to the activity
is proportional to the amounts of tension attained at the moment
of quick-release, whereas the rate of rise in tension does not
exhibit an appreciable influence. Accordingly, the increase in
the rate of tension development produced by adrenaline(5 mg/l),
k-strophanthin (1 mg/l) or Ca (8 mM/l) did not augment the oxygen
uptake if the contraction cycle was interrupted at the same level
of tension as in the controls. This contradicts the wide-spread
hypothesis (1) assuming a considerable effect of the rate parameter of tension development in myocardial oxygen consumption.

1) Coleman H.N., E.H. Sonnenblick and E. Braunwald: Amer. J.
   Physiol. 221, 778, 1971.

Physiologisches Institut der Universität Freiburg, D-78 Freiburg,
Hermann-Herder-Str. 7

FATE OF ADENOSINE IN THE ISCHEMIC AND ANOXIC MYOCARDIUM DURING
ANAEROBIC PERFUSION. (Verhalten von Adenosin im ischämischen und
anoxischen Myokard während anaerober Perfusion). H. Kammermeier,
B. Kammermeier, W. Dresch, E. Gerlach

In order to clarify, in which space of myocardial tissue adenosine accumulates during lack of oxygen, concentrations of adenosine
(AR) inosine (HR) and hypoxanthine (H) in tissue and effluates of
isolated rat hearts were determined. Interstitial (i.st.) and extracellular spaces were measured with ^{14}C-inulin.
During anaerobic perfusion subsequent to ischemia (20 min) AR,
HR, and H are released into the perfusate following exponential
first order elution kinetics, the first component of which is
very similar in its rate constant to ^{14}C-inulin elution from the
i.st. space of myocardium. From the initial component concentrations of AR, HR, and H present in the i.st. space at the end of
ischemia were calculated, which proved to be almost in an equilibrium with the respective intracellular (i.c.) concentrations.
A second component of the elution process seems not to be time
dependent indicating a continous loss of AR, HR, and H.
During a mere anaerobic perfusion AR release amounts to 10-40 nM/
min per g. From the volume of the i.st. space and the rate constant of inulin elution an apparent perfusion rate of the i.st.
space and i.st. concentrations of AR were calculated. The results
obtained suggest that during the first 3 min of anoxic perfusion
AR in concentration up to 150 nM/ml is only present in the i.st.
space. Only thereafter i.c. concentrations of AR increase and
finally exceed the i.st. concentrations of AR.

Prof. Dr. H. Kammermeier, Abt. Physiologie, Med. Fakultät
Techn. Hochschule Aachen, 51 Aachen, Alter Maastrichter Weg 1

HEMMUNG DER KREATINKINASE IM HERZMUSKEL DURCH KREATININPHOSPHAT
G. Gercken, V. Döring

Durch das Kreatinphosphatanaloge Kreatininphosphat wurde ADP in
der Kreatinkinase-Reaktion nicht phosphoryliert. Kreatininphosphat hemmte hochgereinigte Kreatinkinase (EC 2.7.3.2.) aus Kanin-
chenmuskel kompetitiv gegenüber Kreatinphosphat und nicht-kom-
petitiv gegenüber ADP. Kreatinkinase im Herzmuskelhomogenat des
Kaninchens zeigte die gleiche Kinetik. Damit erschien es möglich,
die Kreatinkinase im Herzmuskel in vivo selektiv zu hemmen und
die Versuche mit einer weniger spezifischen Hemmung der Kreatinkinase durch 1-Fluor-2,4-dinitrobenzol am perfundierten Herzen zu
überprüfen (Gercken, G. u. U. Schlette, Experientia 24(1968)17).
Die schlagenden Kaninchenherzen versagten im Herz-Lungenpräparat
nach Zugabe von 5 bzw. 10 mM Kreatininphosphat zur Perfusionslösung mit einem charakteristischen Metabolitkonzentrations-
muster: Der ATP-Gehalt war auf 3,2 - 3,4 µMol/g Feuchtgewicht
gesenkt, der Kreatinphosphat-Gehalt mit 6,2 - 7,2 µMol/g hoch
und der Glykogen-Gehalt mit 20,6 - 23,8 µMol Glucanreste/g normal. Dieses Ergebnis bestätigt, daß nur eine kleine ATP-Menge des
Gesamt-Pools direkt am kontraktilen Element utilisiert werden
kann und daß Kreatinphosphat nicht Vorratsstoff ist und nicht im
Nebenschluß zur ATP-Bildung und -Utilisation steht, sondern als
notwendiges Glied in die Übertragung energiereich gebundener
Phosphatreste eingeschaltet ist.

Prof. Dr. G. Gercken, Institut für Organische Chemie und
Biochemie der Universität, D-2000 Hamburg 13, Papendamm 6

DIE BEDEUTUNG DES INTRAVENTRIKULÄREN DRUCKES FÜR DEN CORONAR-WIDERSTAND. W.K. Raff, F.Kosche, H.Göbel und W.Lochner

Die Untersuchungen wurden an 16 narkotisierten Hunden durchgeführt, deren Herzkranzgefäße maximal pharmakologisch dilatiert
worden waren. In einer 1.Gruppe von 7 Hunden wurde der coronare
Ausstrom gemessen und der linksventrikuläre Druck durch schritt-
weisen Aderlaß erniedrigt. Der Coronarwiderstand stieg von 0,24
± 0,02 auf 0,43 ±0,06 mmHg x min x 100 g / ml bei einer Erniedrigung des Ventrikeldruckes von 150 mmHg auf 80 mmHg. In einer
2.Gruppe von Hunden wurde der Einstrom in den R. circumflexus der
linken Coronararterie gemessen. Bei diesen Tieren wurde der R.
circumflexus isoliert mit konstantem Druck perfundiert. Der Perfusionsdruck lag zwischen 50 und 200 mmHg. Wurde bei dieser Gruppe der linksventrikuläre Spitzendruck durch einen Aderlaß erniedrigt, so sank der Coronarwiderstand ab. Bei einem mittleren Perfusionsdruck von 65 mmHg sank er von 0,70 ± 0,08 auf 0,39 ± 0,06
mmHg x min x 100 g / ml bei einer Erniedrigung des Ventrikeldruckes von 150 mmHg auf 60 mmHg. Bei höheren Perfusionsdrucken
war die Abhängigkeit des Coronarwiderstandes vom linksventriku-
lären Spitzendruck weniger ausgeprägt.
Es kann gefolgert werden, daß die extravasale Komponente des Coronarwiderstandes mit steigendem Ventrikeldruck zunimmt. Ein Anstieg des intracoronaren Druckes vermindert den Coronarwiderstand.

Dr.W.K.Raff, Physiol. Institut der Universität,
D 4000 Düsseldorf, Moorenstr. 5

ZUR WIRKUNG DER DRUCKANSTIEGSGESCHWINDIGKEIT (dp/dt_{max}) AUF DEN
KORONARWIDERSTAND DES LINKEN VENTRIKELS
THE INFLUENCE OF THE 1. DERIVATIVE (dp/dt_{max}) OF LEFT VENTRICU-
LAR-PRESSURE

Hensel, I.,H.J.Bretschneider, G.Hellige, D.Kettler und J.Martel;
Göttingen, Physiologisches Institut I

Zur Klärung der umstrittenen Wirkung von dp/dt_{max} auf die myokardiale Komponente des Koronarwiderstandes wurden zwei Versuchs-
reihen durchgeführt: a) Messung des minimalen Koronarwiderstandes am künstlich stillgestellten Herzen des Hundes bei maximaler
Koronardilatation durch Procain; b) Messung des minimalen Koronarwiderstandes am intakten Herzen mit Höchstwerten von dp/dt_{max}
durch Infusionen von Isoproterenol und Noradrenalin bei maximaler
Koronardilatation durch hohen Energieumsatz und Applikation von
Koronardilatatoren. Mit Berücksichtigung der unterschiedlichen
Viscositäten ergeben beide Meßreihen einen annähernd gleichen
minimalen "Koronarwiderstand" von ca. $0,2 \frac{\text{mm Hg}}{\text{ml/min} \cdot 100\text{g} \cdot \text{cP}}$. Durch
eine hohe Druckanstiegsgeschwindigkeit wird
die Koronardurchblutung also nicht gedrosselt. Abweichende Ergebnisse anderer Autoren könnten u. a. darauf beruhen, daß für
die Berechnung des Koronarwiderstandes der mittlere Aortendruck
- und nicht wie hier der mittlere diastolische Aortendruck -
herangezogen wurde. Während der Systole werden jedoch nur die
größeren oberflächlichen "kapazitiven" Äste der Koronararterien
aufgefüllt, die keinen wesentlichen Anteil am gesamten Koronarwiderstand besitzen. -

WECHSELWIRKUNG VON ADENOSIN, DIPYRIDAMOL (D), AMINOPHYLLIN (AM)
UND ÄTHER-NARKOSE (Ä) IN DER KORONAREN UND PULMONALEN STROMBAHN

INTERACTION OF ADENOSINE, DIPYRIDAMOLE (D), AMINOPHYLLINE (AM)
AND ETHER-ANAESTHESIA (Ä) IN THE CORONARY AND PULMONARY CIRCU-
LATION

Kettler, D.,H.J.Bretschneider, G. Hellige, I. Hensel, J. Martel,
H.D. Reploh; Göttingen, Physiologisches Institut, Lehrstuhl I

An intakten Hunden wurde die Wirkung von injiziertem Adenosin,
Dipyridamol, Aminophyllin und Äthernarkose sowie deren Wechselwirkung auf die Koronardurchblutung untersucht. Durch Injektionen verschiedener Dosen von Adenosin in das "rechte" und "linke"
Herz und Vergleich der beiden koronaren Adenosin-Dosis-Wirkungs-
kurven wurde geprüft, in welcher Weise D, AM und Ä die Inaktivierung des Adenosins in der Lungenstrombahn beeinflussen. Ergebnisse: 1) Ein großer Teil des "rechts" injizierten Adenosins
wird während der Lungenpassage unwirksam. 2) AM, D und Ä hemmen
die Inaktivierung von Adenosin in der Lunge. 3) AM hemmt die ko-
ronare Adenosinwirkung; der Hemmeffekt von AM auf die Adenosin-
Inaktivierung in der Lunge ist von längerer Dauer als die Hemmung der Adenosinwirkung im Koronarsystem. 4) D potenziert den
Koronareffekt rechtsseitig injizierten Adenosins. 5) Aus 1 - 4
folgt, daß hinsichtlich der Koronarwirkung des Adenosins AM und
D antagonistisch wirken, daß aber beide Substanzen - wie auch Ä-
die Inaktivierung des Adenosins in der Lunge synergistisch beeinflussen. Unter Bezugnahme auf diese Befunde und die Literatur
wird der mögliche Angriffspunkt von Adenosin, D, AM und Ä hinsichtlich ihrer Koronarwirkung sowie die von BERNE postulierte
"Adenosin-Hypothese" der Koronarregulation diskutiert.

97
CONTINUOUS RECORDING OF O_2-CONTENT IN CORONARY SINUS BLOOD OF CONSCIOUS DOGS. (Fortlaufende Messung des O_2-Gehaltes im coronarvenösen Blut des wachen Hundes bei verschiedenem Stress)
W.v.Restorff, H.Brechtelsbauer, J.Holtz, E.Bassenge.

Coronary sinus O_2-content was measured continuously in conscious dogs with electromagnetic flow transducers around the left circumflex coronary artery and the ascending aorta. Blood for continuous oximetry was withdrawn through chronically implanted catheters in the coronary sinus and the aorta.
Coronary sinus O_2-saturation revealed a biphasic pattern during all sorts of emotional stress (pleasure, fright, rising up from a lying position, start of exercise). Following a short initial period of diminished O_2-saturation, a longer period of increased O_2-saturation was observed. The time course and phasic response vary with the applied form of emotional stress. Following this biphasic response a new steady state is achieved, the level of which depends on the applied stimulus. - Coronary sinus P_{O_2}-values were obtained from the O_2-dissociation curve of the dog (1). - The cause for this biphasic response may be explained by a mechanical obstruction in coronary inflow during the sudden accelertion of heart rate, simultaneously by neurogenic coronary dilation, which may result in an overshoot when metabolic dilation, brought about by the increase in heart work, is further superimposed.
(1) BARTELS,H. und H.HARMS, Pflügers Arch. 268: 334 (1959)

Dr.W.v.Restorff, Physiologisches Institut der Universität,
D-8000 München 2, Pettenkoferstr. 12

98
ZUR MIKROZIRKULATION IN KOLLATERAL VERSORGTEN MYOKARDBEZIRKEN
H. Flohr, R. Felix, N. Hahn

Die durch die Kontraktion des Myokards bedingte sogenannte extravasale Komponente des coronaren Widerstandes ist nach Größe und zeitlichem Verlauf in den verschiedenen Regionen des Myokards unterschiedlich. Unter normalen Bedingungen wird jedoch eine Durchblutungsverteilung, die der inhomogenen Verteilung des extravasalen Widerstandskomponente entsprechen würde nicht beobachtet, sodaß anzunehmen ist, daß diese im Bereich der Mikrozirkulation durch eine dem Betrag nach gleich große, umgekehrt gerichtete vasale Widerstandskomponente kompensiert ist, (Flohr et al. 6. European Conf. Microcirculation, Karger 1971). Für das partiell ischämische, kollateral versorgte Myokard gelten andere Bedingungen, deren Konsequenz für die Durchblutungsverteilung an 34 Bastardhunden nach akuter, vollständiger Unterbindung des R. descendens ant. untersucht wurde. Die Durchblutung kollateral versorgter Myokardareale ist demnach -abgesehen von der mehr oder weniger ausgeprägten Reduktion der Perfusionsgröße- durch eine Verteilungsstörung charakterisiert, die offenbar durch die extravasale Widerstandskomponente bedingt ist und zu einer relativ hohen kollateralen Versorgung der subepicardialen und einer weitgehenden Reduktion der Durchblutung der subendocardialen Partien führt.

Prof. Dr. H. Flohr, Physiologisches Institut der Universität,
D-5300 Bonn, Nussallee 11

WERT DES PULS-CONTOUR-VERFAHRENS ZUR FORTLAUFENDEN BESTIMMUNG
DES SCHLAGVOLUMENS BEI HUNDEN
R. Purschke, E. Pütz, J.O. Arndt

Das Puls-Contour-Verfahren zur fortlaufenden Bestimmung des
Schlagvolumens nach McDONALD und Mitarbeitern überschätzt regel-
mäßig das Schlagvolumen nach Catecholamingabe. Es wurde vermutet,
daß dabei veränderte Reflektionsbedingungen eine Rolle spielen.
Im Tierversuch wurde daher aus dem systolischen und dem weniger
reflektionsabhängigen diastolischen Teil der Aortendruckkurve das
Schlagvolumen bestimmt und mit dem direkt gemessenen (elektromagnetischer Flußaufnehmer) verglichen. Durch verschiedene Maßnahmen
(Hämorrhagie, Dextrangabe, gefäßwirksames Medikament) wurden
Schlagvolumen (36,5-3,99ml), arterieller Mitteldruck (206-43mm
Hg) und Herzfrequenz (206-67 Schläge/min) variiert. Bei extremer
Erhöhung des peripheren Gefäßwiderstandes (Catecholamine) über-
schätzte die "systolische" Puls-Contour-Methode stärker als die
"diastolische"; bei Erniedrigung (α-Blocker) unterschätzten beide Methoden. Unter allen übrigen Versuchsbedingungen betrug der
Korrelationskoeffizient (r) für die "systolische" Methode im Mittel 0,916, für die "diastolische" 0,793. Bei Überschätzung des
Schlagvolumens mit dem "systolischen" Verfahren unterschätzte
das "diastolische" und umgekehrt, wobei das Schlagvolumen der
"diastolischen" Methode von der Diastolendauer abhing.
Ungeachtet der Genauigkeit wird die Tendenz der Schlagvolumen-
änderung mit beiden Verfahren richtig angegeben.

Dr. R. Purschke, Abt. für Experimentelle Anaesthesiologie,
Universität Düsseldorf, 4000 Düsseldorf, Moorenstr. 5

ZUVERLÄSSIGKEIT DER BESTIMMUNG DES HZV MIT DER KÄLTE-VERDÜNNUNGS-
TECHNIK NACH DER AUTOMATISCHEN METHODE VON PIIPER-SLAMA IM MO-
DELLVERSUCH
EVALUATION OF CARDIAC OUTPUT MEASUREMENT BY MEANS OF THERMAL DI-
LUTION TECHNIC AFTER THE AUTOMATIC METHOD OF PIIPER-SLAMA:ESTI-
MATION IN AN ARTIFICAL CIRCULATION
Gethmann, J.W., G. Hellige, I. Hensel, D. Knoll und I. Martel;
Göttingen, Physiologisches Institut I
Widersprüchliche Angaben über die Zuverlässigkeit der Thermodi-
lutions-Methode nach PIIPER-SLAMA veranlaßten uns, die Meßge-
nauigkeit zu überprüfen. In einem Kreislaufmodell wurden simultan Flußmessungen mit dem Herzzeitvolumen-Meßgerät HZV/BN 6560
der Fa. Fischer KG Göttingen und mit Stoppuhr und Meßzylinder
vorgenommen. Flußrate, Mischvolumen und Injektionsvolumen wurden
variiert. Folgende Regressionsgeraden und Korrelationskoeffizien-
ten wurden ermittelt: Für ein Injektionsvolumen von 5,5 ml bei
einem Mischvolumen von
230 ml : y = 1,00x + 0,09 /r = 0,9985
400 ml : y = 0,97x + 0,10 /r = 0,9972
860 ml : y = 0,87x + 0,27 /r = 0,9916
Für ein Injektionsvolumen von 9,2 ml bei einem Mischvolumen von
230 ml : y = 0,95x + 0,23 /r = 0,9985
400 ml : y = 0,95x + 0,12 /r = 0,9993
860 ml : y = 0,90x + 0,21 /r = 0,9989
Mehrere u. U. erhebliche Fehlerquellen - wie Totraum, Null-Li-
niendrift und unvollständige Mischung - werden diskutiert.

101

DIE BERECHNUNG DER DURCHBLUTUNG AUS INDIKATORAUSWASCHKURVEN
MIT HILFE DER MONTE CARLO METHODE
R. Wodick

Die lokalen Indikatorauswaschkurven genügen der erweiterten Diffusionsgleichung

$$\frac{\partial p}{\partial t} = \underset{\text{Diffusion}}{D \Delta p} \quad - \underset{\text{Blutstrom}}{\vec{v}\,\text{grad}\,p} \quad + \underset{\text{Quellen}}{q(t,\vec{r})} \quad - \underset{\text{Senken}}{s(t,\vec{r})} \, . \tag{1}$$

Zur Auswertung der Auswaschvorgänge setzen wir nicht wie Müller-Schauenburg, Betz (1969) und Lübbers, Stosseck (1970)

$$\vec{v}\,\text{grad}\,p = Ap, \tag{2}$$

sondern wir lösen, um die Fehler der Näherung (2) zu vermeiden, die Gleichung (1) numerisch. Zur numerischen Lösung der Gleichung (1) benutzen wir die Monte Carlo Methode, die sich ganz besonders gut bewährt, da das physikalische Geschehen weitgehend nachgeahmt wird. Um die Kapillar- und Blutstromverteilung im Gewebe zu berücksichtigen, haben wir angenommen, daß man über Richtung und Verteilung des Blutstromes nur wenig weiß. Es erscheint daher sinnvoll, den Blutstrom und die Kapillaranschnitte zufällig, d.h. statistisch zu verteilen. Wertet man die gleiche Kurve einmal nach dem Monte Carlo Verfahren und das andere Mal nach den Verfahren gemäß der Näherung (2) aus, so erhält man für die von K. Stosseck benutzten Messelemente mit dem Monte Carlo Verfahren 50 % geringere Durchblutung. Diese Werte stimmen besser mit den bisher in der Literatur bekannten Werten überein.

Dr. Dr. R. Wodick, Max-Planck-Institut für Arbeitsphysiologie,
D-4600 Dortmund, Rheinlanddamm 201

102

EICHUNG DER FORTLAUFEND REGISTRIERTEN LOKALEN DURCHBLUTUNG MIT
HILFE DER WÄRME-CLEARANCE-METHODE AM HUNDEMYOKARD

H. Benzing u. M. Rabe

Mit heizbaren Perlthermistoren, die in das Gewebe implantiert werden, ist es möglich, lokale Durchblutungsänderungen zu erfassen, wobei die fortlaufend bestimmte Temperaturdifferenz zwischen geheiztem und ungeheiztem Thermistor nur eine Aussage über qualitative Änderungen der Durchblutung erlaubt. Mit der gleichen Versuchsanordnung können intermittierend auch Absolutwerte (ml Blut/ g Gewebe · min) errechnet werden: Durch Abschalten der Thermistorheizung erhält man Wärme-Clearance-Kurven, die sich bei unveränderter Durchblutung während der Meßzeit (bis 45 sec) von der "Totkurve" nur um einen e-Faktor unterscheiden (MÜLLER-SCHAUENBURG, 1971). - An 10 narkotisierten und 6 wachen Hunden mit chronisch implantierten Meßelementen wurden beide Verfahren während Koronargefäßdrosselung, Ruhe-, Mehr- und Nulldurchblutung angewendet. Die Ausgangswerte betrugen etwa 0,7 ($\pm$ 0,15) ml, bei Sauerstoffmangelatmung (10% O_2) teilweise über 3 ml/g Gewebe · min. Während Koronargefäßdrosselung wurden je nach Größe des gedrosselten Bezirkes und Lage der Meßelemente Durchblutungsverminderungen bis zu einem Drittel des Ausgangswertes, jedoch nur selten Nulldurchblutungswerte gefunden.- Wurden die Wärmetransportzahlen mit den intermittierend gewonnenen Absolutwerten in Beziehung gesetzt, ergaben sich Eichkurven, die bei höheren Durchblutungswerten deutlich abgeflacht waren. Mit Hilfe der Eichkurven können auch kurzfristige Durchblutungsänderungen quantitativ erfaßt werden.

Dr. H. Benzing, Physiol. Inst.I der Univ., 74 Tübingen, Gmelinstr.5

103

COMPARATIVE STUDY ON LOCAL BLOOD FLOW DETERMINATION BY MEANS OF
HYDROGEN
(Vergleichende Untersuchung zur Bestimmung der lokalen Durchblutung mit Hilfe von Wasserstoff)
K. Stosseck, D.W. Lübbers

In cats anaesthetized with pentobarbital (30 mg/kg) local blood
flow measurements were done alternatively by means of two hydrogen clearance methods applied in the same place of the exposed
cerebral cortex using the same surface probe. The methods differed only by the kind of the indicator supply to the measured tissue: In one case hydrogen was supplied via a slug inhalation to
the arterial system (Fiesci et al. 1965) at which the input function was controlled simultaneously in a pial artery by means of
a microelectrode (Lübbers and Baumgärtl 1967), in the other a
hydrogen pulse was released near the measuring probe directly in
the tissue (Lübbers and Stosseck 1970). The corresponding models
for the evaluation of local blood flow each include the assumption
of a homogeneous and isotropic blood flow.
Applying both methods in the above described manner we found that
the ratio of the mean values lie between 8:1 and 1.8:1. The higher
flow values were always obtained by means of the locally applied
hydrogen. In spite of identical measuring resolutions in both
methods the spatial resolution of the blood flow determination is
obviously rather different.

Max-Planck-Institut für Arbeitsphysiologie
D-4600 Dortmund, Rheinlanddamm 201

104

STRÖMUNGSVERHÄLTNISSE IN VERZWEIGUNGEN KLEINER ARTERIEN
D. Liepsch und H. Müller-Mohnssen

Bisherige Untersuchungen von Stromabzweigungen (fast rechtwinklig,
kleiner Astquerschnitt) mit Hilfe der Strömungsdoppelbrechung beschränkten sich auf Beobachtungen der Verzweigungsebene. Im Stammgefäss wird die Axialströmung gegen die Wand hinter der Mündung
des Abzweigs gelenkt; gegenüber entsteht eine Zone verringerter
Strömungsgeschwindigkeit und erhöhtem statischen Druck. Diese wird
als kritische hydraulische Zone bezeichnet, da derartige Geschwindigkeitsprofile mit einem Wendepunkt eine Neigung zur Instabilität
zeigen und hier die Wandablösung beginnt. In kleinen Arterien sind
das die Prädilektionsorte atheromatöser Polster, thrombozytärer
Wandablagerungen und Trombosen. Weniger stark ausgeprägte atherosklerotische Veränderungen bilden sich auf der Mündungsseite dicht
unterhalb der Mündung. Bei Blickrichtung in die Mündung sind auch
an dieser Stelle die Strömungsverhältnisse einer Beobachtung zugänglich. Die Axialströmung des Stammrohres spaltet an der Mündung
auf, um sich stromabwärts wieder zu vereinigen. Mit der Laser-Doppler-Sonde wird ein Strömungsprofil mit zwei Maxima, also zwei Wendepunkten,gemessen. Die Stromaufspaltung entsteht durch Überlagerung der von allen Seiten auf die Mündung zustrebenden Stromfäden
mit der Hauptströmung. Im stromabwärts an die Mündung anschliessenden Wandbereich des Stammrohres, wo der Mündungsstrudel der Hauptströmung entgegenfliesst, wird die Progressivgeschwindigkeit besonders stark vermindert. Hier bildet sich eine kritische hydraulische Zone und damit die gleiche hydrodynamische Bedingung für
die Entwicklung atherosklerotischer Veränderungen wie bei der obengenannten Lokalisation.   Inst.f.Biologie d.GSF   8042 Neuherberg

105
VERGLEICHENDE MESSUNGEN DES PRAEPLAZENTAREN BLUTDRUCKES BEI
SCHAFEN UND MEERSCHWEINCHEN
W. Moll, W. Künzel

Bei trächtigen Schafen und Meerschweinchen wurde über perfundier-
te Mikropipetten (Spitzendurchmesser ca. 0,1 mm) der praeplazentare Blutdruck, d.h. der Blutdruck in kleineren Arterien 1-2 mm
vor der Eintrittsstelle in die Plazenta, gemessen. Der äußere
Durchmesser der punktierten Gefäße betrug beim Schaf 0,4-1,0 mm,
beim Meerschweinchen 1-2 mm. Zusätzlich wurde bei nicht trächtigen Meerschweinchen der Druck in den entsprechenden Gefäßen vor
Eintritt in den Uterusmuskel gemessen (Äußerer Durchmesser 0,3 -
0,5 mm).
Beim Schaf war der praeplazentare Druck 84 $\pm$ 13 Torr (N=8). Dieser Wert entspricht der klassischen Anschauung über den Blutdruckabfall im arteriellen System. Im Gegensatz dazu war der
praeplazentare Druck beim trächtigen Meerschweinchen am Termin
nur 12 $\pm$ 2 Torr (N=8). Dieser niedrige Druck besteht nur während
der Tragzeit; bei nicht trächtigen Tieren wurde in den entsprechenden Gefäßen ein 3-4fach höherer Druck gemessen.

Es wurde geschlossen, daß beim Schaf die plazentare Durchblutung
durch intraplazentare Gefäße gesteuert wird, während beim Meerschweinchen am Termin die Steuerung durch die vorgeschalteten
Arterien erfolgt. Die Befunde können mit dem Vorhandensein müt-
terlicher Arteriolen in der syndesmochorialen Plazenta des Scha-
fes bzw. der Auflösung der mütterlichen Arteriolen in der haemo-
chorialen Plazenta des Meerschweinchens gedeutet werden.

Dr. W. Moll, Institut für Physiologie der MHH D-3000 Hannover,
Roderbruchstr. 101

106

ELASTIZITÄT UND PLASTIZITÄT PERIPHERER GEFÄSSE FÜR PULSE
W. Röckemann und G. Conrad.

An verschiedenen Praeparaten wurde gezeigt, daß der Eingangs-
widerstand der Peripherie komplex ist und für normale Pulsfrequenzen und mittlere Stromstärken dem Wellenwiderstand einer
R-C-Leitung entspricht.(Röckemann,Pflügers Archiv 316 R24 (1970)).
Die Leitungsgleichungen sind für kleine elastische Querdehnungen
angesetzt. Anhand von Perfusionsversuchen am Kaninchenohr wurde
diese Bedingung für Pulsfrequenzen geprüft.
Bei kleinen Druckänderungen um einen Mittelwert ist die Stromstärkenänderung eine lineare Abbildung der Radiusänderungen.
Rechteckige Druckstöße dehnen die Gefäße während einer
Speicherung. Die sich anschließende Verformung ist plastisch
und erreicht bei fehlender barynogener Kontraktion kein Gleich-
gewicht. Elastizität und Plastizität ergeben sich als in Reihe
liegend (kein Anhalt für das Voigt-Modell).
Dreieckspulsen folgt die Stromstärkenänderung proportional
bis zu Frequenzen von 1 Hz bei einem gemittelten Rdiff/Rabs
von o,73. Bei geringerer Frequenz sind die Stromstärkekurven
gebogen. Trennt man den elastischen Anteil durch eine Tangente
ab, so muß bei Gültigkeit des Maxwell-Modelles der plastische
Anteil eine quadratische Funktion der Zeit sein. An 12 Praeparaten mit 39 Registrierungen ergab sich für $i=kt^n$ n mit 1,8
bis 2,3, bei einem Mittelwert von 2,o7.

Prof. W. Röckemann, Physiologisches Institut der Universität,
D-6ooo Frankfurt/M. Ludwig Rehnstr. 14

DER EINFLUSS VON PROSTAGLANDINE E_2 UND $F_{2\alpha}$ AUF DIE WIDERSTANDS-
UND KAPAZITIVEN GEFÄSSE DES ISOLIERTEN KANINCHENOHRES
L. Lange, F. Kapteina, M. Echt, K. Kirsch, G. Schultze

Am isolierten und konstant mit dem Blut des Spendertieres perfundierten Kaninchenohr wurde in 30 Versuchen die Wirkung von PG E_2
und $F_{2\alpha}$ sowohl am arteriellen als auch am venösen Gefäßschenkel
eines reinen Hautgefäßgebietes untersucht. Fortlaufend wurde der
arterielle Einflußdruck und der segmentale Strömungswiderstand der
marginalen Ohrvene sowie deren Durchmesser mittels einer photogra-
phisch-photoelektrischen Technik bestimmt (Echt und Lange 1972).
PG $F_{2\alpha}$ zeigte in allen Versuchen einen deutlichen vasokonstrikto-
rischen Effekt. Im Vergleich zu Noradrenalin wurde eine Dosis-
Wirkungs-Beziehung für die arterielle und venöse Seite aufgestellt. Arteriell wirkungsgleiche Konzentrationen von NA und PG
$F_{2\alpha}$ ergaben eine stärkere Venokonstriktion für PG $F_{2\alpha}$. Gleichzei-
tige Papaverin-Infusion hob die Konstriktion immer auf. PG $F_{2\alpha}$-
Infusion erzeugte regelmäßig rhythmische Kaliberschwankungen der
Ohrvene (ca.5/min). Die Frequenz nahm mit der Dosis zu. Bei i.art.
Dauerinfusion von PG E_2 zeigte sich immer eine Vasodilatation an
beiden Gefäßschenkeln. Aus methodischen Gründen wurde die Wirkung
von PG E_2 gegen einen mit Noradrenalin eingestellten erhöhten Gefäßtonus geprüft. Im Gegensatz zu Papaverin ließ sich mit PG E_2
der Gefäßtonus nicht vollkommen aufheben.
Der mögliche Wirkungsmechanismus wird im Zusammenhang mit den Befunden anderer Autoren diskutiert.

Dr.Lothar Lange, Dr. Martin Echt, Physiologisches Institut der
Freien Universität Berlin, 1 Berlin 33, Arnimallee 22

UNTERSUCHUNGEN ÜBER DEN ANTEIL VON NACHDEHNUNG UND FILTRATION BEI
DEHNUNGSEXPERIMENTEN AN EINEM HAUTGEFÄSSBETT
M. Echt, L. Lange

Mit einer kürzlich entwickelten Technik (Echt und Lange 1972) zur
kontinuierlichen Gefäßdurchmesser-Registrierung am isolierten, mit
Blut konstant perfundierten Kaninchenohr ist es möglich, bei Dehnungsexperimenten die plethysmographisch registrierten Ohrvolumen-
änderungen den Durchmesseränderungen der marginalen Ohrvene gegen-
überzustellen und damit Filtration und Nachdehnung kapazitiver Gefäße bei unterschiedlichem Tonus an einem Hautgefäßbett zu unter-
suchen.
Da bei Druck-Volumen-Diagrammen auch bei konstantem Fluß der ab-
fallende Schenkel zeitlich im allgemeinen nicht definiert ist,
werden für diese Untersuchung Langzeitstauungen (Venendruck: 20
mm Hg) von 4 min Dauer durchgeführt. Im Anschluß an das Dehnungs-
experiment zeigte sich bei Papaverin-Dilatation eine persistieren-
de Volumenvermehrung, die prozentual der Durchmesservermehrung der
marginalen Ohrvene entsprach. Es wird daher auf Nachdehnung geschlossen. Bei Noradrenalin-Konstriktion wurde die nach beendeter
Stauung auftretende Volumenvermehrung auf ein Ödem bezogen, denn
im Gegensatz zum Gesamtvolumen des Ohrs kehrte der Ohrvenendurch-
messer schnell auf seinen Anfangswert zurück. Hiermit zeigt sich,
daß bei unterschiedlichen Tonuslagen die Trennung von Nachdehnung
und Filtration ohne Bestimmung des Gefäßvolumens nicht möglich ist.

Dr. Martin Echt, Dr. Lothar Lange, Physiologisches Institut der
Freien Universität Berlin, 1 Berlin 33, Arnimallee 22

109

TRANSITION FROM AGGREGATION TO DEFORMATION OF RED CELLS, Übergang von Aggregation zu Deformation von Erythrozyten.

H. Schmid-Schönbein, J. van Gosen, H.J. Klose and E. Volger

Conventional analysis of blood rheology with increasingly sophisticated viscometers suffers from several inherent limitations: phase separation occurs at low rates of shear, only steady state values of apparent viscosity can be obtained, difficult to extrapolate to other hemodynamic conditions. A more detailed analysis of microrheological events, e.g. the transition from aggregated to deformed state of the red cells is possible in a transparent cone plate chamber, in which blood was subjected to viscometric flow (0-460sec^{-1}) between cone and plate in counterrotation. This allows microscopic observation (incident light, phase contrast, dark field) at magnifications up to 400x of a blood layer stationary but nevertheless subjected to uniform shear. Deformation and aggregation are also measured by monitoring their effects on optical density (photocell in light path). 1) The shear stresses necessary to deform cells (0.1 to 1.0 dyn/cm^2) are lower than the ones necessary to disperse aggregates (2-10 dyn/cm^2). 2) With rising hematocrit, the flow of a given rate of shear is increasingly dominated by fluid drop like deformation, producing more pronounced shear thinning. 3) With increasing tendency to aggregation, the shear resistance of the aggregates as well as the rate of their reformation after dispersion rises; at slow flow (1-10 sec^{-1}) they rapidly increase in size in spite of constant rate of shear.

Dr. H. Schmid-Schönbein, Physiologisches Institut der Universität München, D-8000 München, Pettenkoferstrasse 12.

110

PHYSICO-CHEMICAL EFFECTS ON RED CELL AGGREGATION:TEMPERATURE AND SALINITY (Physicalisch-chemische Einflüsse auf die Erythrozytenaggregation, Temperatur und Salinität)

E. Volger, H. Schmid-Schönbein, H.-J. Klose.

Red cell aggregation has been shown to be a major factor in blood rheology. RCA has conventionally been attributed exclusively to high molecular weight plasma proteins; later it was shown that the erythrocyte shape also has a pronounced effect. The photometric quantification of RCA-kinetics in flow (Klose et al, Proc. XXV.Intern.Congr.Physiol.) allows more detailed analysis:Lowering temperature (20°-2°C) leads to extensive increases of the shear resistance of aggregates. The shear resistance is also increased, when the salinity of the plasma (measured by the specific conductivity K (ms/cm)) is reduced by dialysing the plasma against isotonic mannitol solutions. Suspensions of RC in isotonic albumin of normal salinity (14,8 ms/cm) does not show any aggregation. However below 1 ms/cm shear resistant aggregates (rouleaux) are formed depending on albumin concentration. At the same time RCs are rigidified, as demonstrated by increased viscosity and reduced filtrability through 5 μ pores. This clearly shows that RCA can be greatly enhanced without any change in the plasma protein composition. This effect is likely to be caused by alterations of the physico-chemical properties of proteins and support the hypothesis that RCA is not caused by a specific binding process of certain proteins. A more general reaction of colloids to changes in the solvent medium (temperature, salinity, pH) is likely causing a non-specific adhesive action on suspended particles.

Dr. E. Volger, Physiologisches Institut der Universität München D-8000 München 2, Pettenkoferstraße 12.

EINFLUSS UNTERSCHIEDLICHER TEMPERATUREN AUF DIE THROMBOCYTENAG-
GREGATION IM STRÖMENDEN BLUT   K.-U. Benner, R. Brunner

Mit der früher beschriebenen photometrischen Methode (Pflügers
Arch.320,142-151,1970),die eine kontinuierliche,quantitative Er-
fassung von Plättchenaggregaten im strömenden Blut erlaubt, wird
der Einfluss unterschiedlicher Temperaturen auf Thrombocyten he-
parinisierter Hunde untersucht. Aus der a.femoralis wird das
Blut über ein System von Kühlschlangen in die Messkammer geleitet
und anschließend in die v.femoralis reinfundiert. Der Durchfluß
durch Kühlsystem und Messkammer wird mit 6 ml/min konstant gehalten. Die Temperatur des Blutes vor der Messkammer wird fortlaufend registriert. Das die Kühlschlangen perfundierende Blut wird
stufenweise auf Temperaturen von 30,25,20,15,10 und 5°C abgekühlt.
Diese Temperaturstufen werden jeweils 5 min beibehalten. Danach
wird das System innerhalb 20 min wieder erwärmt.
Bei Abkühlung auf 20°C findet sich bereits ein deutliches Einset-
zen der Aggregation (81,0$\pm$30,7 Aggregate/5 min), die ihr Maximum bei 15°C (209,9 $\pm$ 30,9 Aggregate/5 min) erreicht und bei 10°C
auf 78,4 $\pm$ 27,4 Aggregate/5 min absinkt. Bei 5°C sind nur noch
13,8 $\pm$ 15,6 Aggregate in 5 min zu zählen. Wird das Kühlsystem kontinuierlich von 4 auf 36°C erwärmt, setzt die Aggregation bei 7°C
ein und durchläuft mit 28,7 $\pm$ 13,9 Aggregaten/30 sec ein Maximum
bei 16°C. Bei Temperaturen über 25°C ist sie wieder fast vollständig aufgehoben.

Dr. K.-U. Benner, Institut für Normale und Pathologische Physiologie der Universität, D-5000 Köln 41, Robert-Koch-Str. 39

DIE BEDEUTUNG DES FÜLLUNGSNIVEAUS DER EXTRACELLULÄREN FLÜSSIG-
KEITSRÄUME FÜR DIE ZIRKULATION VON INTRA- UND EXTRAVASCULÄREM
PROTEIN
G. Schultze, K. Kirsch, M. Echt, L. Lange, H.J. Wicke

Dem Transport von Eiweiß über das Lymphsystem kommt für die Auf-
rechterhaltung eines bestimmten Blutvolumenniveaus entscheidende
Bedeutung zu (Mayerson,H.S. 1963). Deshalb wurde die Beziehung
zwischen Plasmavolumen und Lympheiweiß bei Änderung der Wasserbilanz an narkotisierten Katzen untersucht. Dehydrierung verursachte
eine Verminderung des Extracellulärraumes (^{35}Sulfat) um 13,8% und
des Plasmavolumens (^{125,131}Jodalbumin) um 11,5%. Die Plasmaprote-
inkonzentration blieb unverändert, die intravasale Eiweißmenge war
demnach vermindert (p< 0,001).
Der Lymphfluß (ductus thoracicus) ging von 2,5 auf 1,2 ml/kg/h zurück. Bei gleichbleibender Lymphproteinkonzentration war die
transportierte Eiweißmenge entsprechend vermindert (p< 0,01).
Während Volumenexpansion mittels kontinuierlicher Kochsalzinfusion
(0,4 ml/min/kg) stieg bei normalen Tieren der Lymphfluß um 90%,
wobei die transportierte Eiweißmenge ständig abnahm. Bei dehydrierten Tieren stieg der Lymphfluß um 290%; die transportierte
Eiweißmenge nahm kontinuierlich zu.
Die Verteilung von Flüssigkeit und Protein auf den intravasalen
und extravasalen Raum ergibt sich aus der Relation von Lymphfluß
und Nettokapillarfiltrat. Der Einfluß der Hydrierung auf dieses
Verhältnis wird diskutiert.

Dr. G. Schultze, Physiologisches Institut der Freien Universität
Berlin, 1000 Berlin 33, Arnimallee 22

113

DER EINFLUß VON KÖRPERARBEIT UND FLÜSSIGKEITSVERLUST AUF DAS BLUTVOLUMEN UND DIE BLUTVOLUMENVERTEILUNG
K. Kirsch, G. Schultze, L. Röcker, P. Eckert, H. Stoboy

Frühere Untersuchungen ergaben, daß Körperarbeit und Dehydrierung nicht notwendigerweise zur Verminderung des Blutvolumens führen (Saltin 1964), aber dennoch eine Einschränkung körperlicher Leistungsfähigkeit zur Folge haben. Es wurde deshalb angenommen, daß außer der Größe des Blutvolumens auch seine Verteilung entscheidend die Leistungsfähigkeit beeinflußt (Kirsch, Kober und Eckert 1967).
An 6 Langstreckenläufern und 10 Radrennfahrern wurden deshalb vor und nach körperlicher Arbeit unter Hitzebedingungen das Plasmavolumen (PV), der zentrale Venendruck (ZVD) sowie die intravasale Eiweißkonzentration und -Menge gemessen. Nach Dehydrierung bis zu 2 % Verlust des Körpergewichtes (KGW) blieb das PV unverändert. Bei 4 % Abnahme des KGW war dies nur der Fall, wenn während der Arbeit Flüssigkeit bis zu 1,5 % des KGW zugeführt wurde. Dehydrierung bis zu 4 % des KGW ohne Flüssigkeitsaufnahme führte dagegen zur Abnahme des PV um 9 %. Dabei kam es zusätzlich zur Verminderung der intravasalen Proteinmenge, insbesondere der Globuline (P < 0,05). In allen Versuchen zeigte sich eine Abnahme des ZVD, die mit dem Ausmaß der Dehydrierung korrelierte. Die Abnahme des ZVD angesichts eines konstanten Blutvolumens weist auf eine Blutvolumenverlagerung nach extrathoracalen Abschnitten hin und muß deshalb mit als Ursache einer eingeschränkten Leistungsfähigkeit angesehen werden. Die Proteinveränderungen werden im Zusammenhang mit der Plasmavolumenregulation diskutiert. str.20

Dr.L.Röcker,Institut für Leistungsmedizin,Berlin 33,Forckenbeck-

114

DIE BEDEUTUNG DER WASSERBILANZ FÜR DIE HOMÖOSTASE DES NIEDERDRUCKSYSTEMS
K. Kirsch, G. Schultze, L. Lange, M. Echt

Es wurde von der Arbeitshypothese ausgegangen, daß die Wasserbilanz, die die intra- und extravasalen Füllungsvolumina mitbestimmt, sowohl das Druckniveau im Niederdrucksystem als auch das Druckvolumenverhalten der Kapazitätsgefäße beeinflußt. Demzufolge wurden an narkotisierten Katzen die Drucke und das Druckvolumenverhalten intra- und extrathoracaler Kapazitätsgefäße gemessen unter verschiedenen Füllungszuständen der extrazellulären Flüssigkeitskompartimente. Der Verminderung des S^{35}-Verteilungsraumes von 24,14% des Körpergewichts auf 19,08% und des Plasmavolumens von 35,06 ml/kg auf 31,11 bei Dehydrierung entsprach einer Abnahme des zentralen Venendrucks um 0,8 cm H_2O (P<0,02). Die arteriellen Drucke waren weitgehend unverändert. Im Vergleich zur Normalhydrierung war bei dehydrierten Tieren der Dehnungswiderstand E' intrathoracaler Kapazitätsgefäße signifikant erniedrigt. In den extrathoracalen Kreislaufabschnitten wurden bei Blutvolumenveränderungen nur dann Venendruckveränderungen beobachtet, wenn ausreichend hohe Blutvolumina vorlagen. Aus den Ergebnissen kann geschlossen werden, daß das Druckniveau und das Druckvolumenverhalten des Niederdrucksystems entscheidend vom Hydrierungszustand beeinflußt wird. Dies wird im Zusammenhang mit der Volumenregulation diskutiert.

Dr. Karl Kirsch, Physiologisches Institut der Freien Universität Berlin, 1000 Berlin 33, Arnimallee 22

115

UNTERSUCHUNG AM ISOLIERTEN HIRNKREISLAUF ÜBER DIE WIRKUNG VON 10-MINÜTIGEN KATECHOLAMININFUSIONEN

R.Zimmer, R.Lang und G.Oberdörster

In früheren Untersuchungen (1) an isoliert perfundierten Hundegehirnen konnten wir durch Einzelinjektionen von Adrenalin (A), Noradrenalin (Nor) und Isoproterenol (Iso) sowie durch Gabe von α- und β-Rezeptorenblockern das Vorhandensein von α- und β-Rezeptoren am Gehirnkreislauf nachweisen. Um die Frage zu klären, ob die durch die Katecholamine bewirkten cerebralen Widerstandsänderungen durch Autoregulation beeinflußt werden, wurden i.a. Infusionen von 10 Min. Dauer mit A, Nor und Iso durchgeführt und außerdem jeweils das autoregulatorische Verhalten der Hirndurchblutung geprüft.

Die maximalen Widerstandsänderungen wurden am Ende der Infusionsdauer erreicht und betrugen für A +38%, für Nor +45% und für Iso -24%; die entsprechenden Flußänderungen für A -3%, für Nor -11% und für Iso +11%. Da während der Infusionsdauer keine Reduzierung der pharmakologisch ausgelösten Widerstands- bzw. Flußänderungen auftrat, kann eine Verminderung der Katecholaminwirkung durch die Autoregulation auf Grund dieser Untersuchung ausgeschlossen werden

1.G.Oberdörster, Lang,R. und Zimmer,R.: Cerebral circulatory effects of α- and β-adrenergic agonists. In: Proceedings from 25 th internat Congress physiol satellite symposium: "Vascular smooth muscle", Tübingen, 20-24 July, 1971

Dr.R.Zimmer, Institut für Normale und Pathologische Physiologie der Universität, D-5000 Köln-Lindenthal, Robert Koch-Str. 39

116

VERMINDERUNG DER AUTOREGULATIONSFÄHIGKEIT DER GEHIRNGEFÄSSE UNTER THEOPHYLLIN

R.Lang, R.Zimmer und G.Oberdörster

Die Untersuchung erfolgte an fünf isolierten Hundegehirnen (1). Arterieller pO_2, pCO_2, pH und Hirntemperatur wurden auf Normwerten konstant gehalten. Das ECoG war normal. Der Blutdruck wurde im Circulus Willisii registriert; CBF wurde direkt gemessen. Der Hirngefäßwiderstand betrug $1,91\pm0,29$, der O_2-Verbrauch $3,41\pm0,35$ ml/100g·min. Es wurden IP-Kurven ohne und unter i.a. Theophyllininfusion (2 mg/min) aufgestellt.

Im Druckbereich von 50-120 mm Hg, wo sich bei den IP-Kurven <u>ohne</u> Theophyllin ein durchblutungskonstantes Plateau fand ($p>0,1$), betrug die Steilheit der Regressionsgerade für die IP-Kurven <u>mit</u> Theophyllin 0,30. Dies bedeutet eine signifikante ($p<0,05$) Verminderung der Autoregulationsfähigkeit der Hirngefäße für diesen Druckbereich. In höheren und tieferen Druckbereichen war dies nicht der Fall. Der Gefäßwiderstand sank durch Theophyllin bei einem Blutdruck von 27 mm Hg nicht ($p>0,1$), bei einem Blutdruck von 80 mm Hg signifikant um 29% und bei einem Blutdruck von 113 mm Hg signifikant um 33%. Der Zeitbedarf der Autoregulation (232 ± 81 sec) war unter Theophyllin nicht signifikant verändert.

1.R.Zimmer et al. Pflügers Arch. 328, 332-343 (1971)

Dr.R.Lang, Institut für Normale und Pathologische Physiologie der Universität, D-5000 Köln 41, Robert Koch Str. 39

117

DER EINFLUSS VON THEOPHYLLIN AUF DEN HIRNGEFÄSSWIDERSTAND (CVR)
BEI NORMALER UND EINGESCHRÄNKTER DURCHBLUTUNG UND UNTER ADENOSIN-
INFUSION
G.Oberdörster, R.Lang und R.Zimmer

Die Untersuchung erfolgte an 5 isoliert perfundierten Hundegehirnen nach der an anderer Stelle beschriebenen Methode (1).
CVR wurde berechnet aus dem Perfusionsdruck in der A. basilaris
und dem venösen Gesamtausfluß des Gehirns. Theophyllin
(2 mg/30sec) wurde i.a. bei normalem (80 mm Hg) und erniedrigtem
Perfusionsdruck (40 mm Hg) gegeben:
>   Bei normalem Perfusionsdruck nahm der CVR um 15% ab.
>   Bei niedrigem Perfusionsdruck nahm der CVR um 19% zu.
Weiterhin wurde CVR während einer 10 min langen Adenosininfusion
(10^{-7} mol/min) ohne und mit Theophyllin (i.a. 2 mg innerhalb
30 sec) bestimmt:
>   Unter Adenosin nahm der CVR um 23% ab.
>   Theophyllin bewirkte während der Adenosininfusion einen An-
>   stieg des CVR um 20%.
Die zum Gehirn führenden extracerebralen Gefäße zeigten unter
Theophyllin immer eine Dilation.
Die Ergebnisse bei eingeschränkter Durchblutung und bei Adenosin-
Theophyllin-Applikation werden durch die cerebrale Autoregulation
beeinflußt.

1. Zimmer,R. et al. Pflügers Arch. 328, 332-343 (1971)

Dr.G.Oberdörster, Institut für Normale und Pathologische Physiologie der Universität, D-5000 Köln 41, Robert Koch Str. 39

118

DER EINFLUSS VON OSMOLARITÄTSÄNDERUNGEN AUF DIE WIDERSTANDSREGU-
LATION DER PIAGEFÄSSE VON KATZEN.
Bosse, O., Kuschinsky, W., und Wahl, M.

Die Mikroinjektion in den perivasculären Raum von Piaarterien erlaubt eine Analyse von einzelnen Faktoren, die für eine lokale
Widerstandseinstellung des Gehirnkreislaufes wirksam sind. Nachdem kürzlich (1, 2) die vasomotorische Wirkung der perivasculären H+- und K+-Konzentrationen auf diese Weise gezeigt werden
konnte, wurde der Einfluß der perivasculären Osmolarität auf den
Gefäßdurchmesser von Piaarteriolen in narkotisierten Katzen untersucht. Mit der Mikropunktionstechnik wurden Lösungen von
gleicher Ionenkonzentration mit Osmolaritäten von 254 bis 356
mosmol/l (Zusatz von Mannit) perivasculär appliziert. Die Änderung der Gefäßgröße wurde an Hand von Photographien gemessen. An
einzelnen Gefäßen wurden Dosis-Wirkungskurven bei ansteigender
Osmolarität aufgenommen. Verminderung der Osmolarität führt zu
einer Abnahme, Erhöhung zu einer Zunahme des Gefäßdurchmessers.
Im Bereich von 300 mosmol/l bewirkt eine Änderung des Osmolarität um 10 mosmol/l eine Änderung des Gefäßdurchmessers um 10%.

1) Pflügers Arch. 316, 152 (1970)
2) Intern.Symp.on CBF Regulation, Rom-Siena, Minerva Medica 13,
   168 (1971)

Anschrift der Autoren: Physiol. Institut der Universität München,
8 München 2, Pettenkoferstr. 12

DER EINFLUSS VON K^+-IONEN AUF DIE WEITE VON PIAGEFÄSSEN WÄHREND
HYPERVENTILATION
D. Heuser, E. Betz

Zahlreiche Untersuchungen zeigen, daß die Erhöhung der extracellulären H^+-Konzentration die cerebralen corticalen Gefäße er-
weitert und pH-Erhöhung die Gefäße enger stellt (Wahl, M. et al.
1970; Knabe, U. u. E. Betz,1971). Mit Hilfe der Mikropipetten-
Technik wurde nachgewiesen, daß neben H^+-Ionen auch noch andere
Ionen bei der Einstellung des cerebralen Gefäßwiderstandes eine
Rolle spielen (Kuchinsky, W. et al., 1971). Als Beitrag zu dieser Problematik untersuchten wir mit Hilfe von K^+-sensitiven
Flüssigkeits-Ionenaustauscher-Elektroden die Änderungen der perivasculären K^+-Aktivität während 1-stündiger starker Hyperventilation bei Katzen. Dabei kam es nach initialer pH-Erhöhung zu
einer Wiederverminderung des pH, ohne daß der Gefäßwiderstand
wesentlich absank. Unter diesen Bedingungen war die perivascu-
läre K^+-Aktivität besser mit dem corticalen cerebralen Gefäßwiderstand korreliert als die extracelluläre H^+-Aktivität. Die
Bedeutung des Befundes wird diskutiert.

Dr.D.Heuser, Prof.Dr.E.Betz, Physiologisches Institut, Lehrstuhl I der Universität Tübingen, Gmelinstr. 5

GRÖSSE UND REGULATION DER DURCHBLUTUNG DES AUGES
H. Flohr, H. Kaufmann

Die Durchblutung des Auges —über deren Größe und Regulation bisher aus methodischen Gründen kaum zuverlässige Daten vorliegen—
wurde unter kontrollierten Bedingungen an anaesthesierten Katzen
nach der Partikelverteilungsmethode gemessen.
Bei einem arteriellen Mitteldruck von 138.0 ($\pm$15.3 SD) mmHg,
einem Herzminutenvolumen von 274.0 ($\pm$44.4 SD) ml/min.,
einem PaO_2 von 138.2 ($\pm$27.2 SD) mmHg   und
einem $PaCO_2$ von 32.7 ($\pm$6.3 SD) mmHg   wurde eine Durchblutung von
1.1 ($\pm$0.60 SD) ml/Auge bzw. 0.25 ($\pm$0.14 SD) ml/g·min   gemessen.
Für die vascularisierten Partien des Auges (Ciliarkörper,
Chorioidea, Retina) resultiert daraus eine Durchblutungsgröße,
die in die Größenordnung der grauen Substanz des Gehirns fällt.
Es bestand eine signifikante (0.01   p   0.005) positive
Korrelation zwischen $PaCO_2$ und Augendurchblutung. Bei Annahme
einer linearen Beziehung wird diese durch die Gleichung
y = 0.019 x - 0.39   beschrieben.

Prof. Dr. H. Flohr, Physiologisches Institut der Universität,
D-5300 Bonn, Nussallee 11

121

PERIODIC COMPONENTS OF THE VASCULAR RESISTANCE IN ISOLATED PERFUSED SCELETAL MUSCLE
(Periodische Anteile des Strömungswiderstandes isoliert perfundierter Skelett-muskeln)

V. Thiemann u. Ch. Weiss

Spontaneous periodic fluctuations of the perfusion flow have been observed during perfusion at constant pressure (90 - 200 mmHg) in isolated sceletal muscle. Autocorrelation reveals periodic components at periods of about 5 - 10 sec. and 30 - 40 sec. Simultaneous measurements of arteriolar diameters by fluorescence microphotometry likewise showed period lengths of about 5 - 10 sec and 30 - 40 sec. As in the case of the spontaneous fluctuations of flow the latter periodic changes also only occured within the pressure range of autoregulation of blood flow. These fluctuations are of myogenic origin since addition of Regitin in concentrations which block completely the action of arterenol dous not alter the described responses. Addition of papaverine to the perfusion medium reversibly abolished the observed periodicities. The reduction of arteriolar diameters obtained upon upward pressure steps corresponded in time course and magnitude to the measured flow changes.

Dipl. Phys. V. Thiemann, Physiologisches Institut (II. Lehrstuhl) D-23-Kiel, Olshausenstr. 40 - 60

122

VASCULAR ESCAPE-PHENOMENON DURING INFUSION OF NORADRENA-LINE IN THE SIMULTANEOUSLY PERFUSED VASCULAR BEDS OF INTESTINE AND KIDNEY.
(Das vasculäre Escape-Phänomen unter Noradrenalininfusion an den gleich-zeitig perfundierten Strombahnen von Intestinum und Niere).

J. Lutz, H. Henrich

An early diminution (escape) of the initial strength of constriction occurs during sustained nerval or humoral stimulation not only for the intestinal circulation but also for other vascular beds. To get comparable values for the phenomenon in two simultaneously perfused circulations, parallel to the intestine a kidney was perfused with constant flow. In an alternating manner noradrenaline was infused into one of the two arterial inflows, the local concentration amounting to 0.331 ± 0.021 µg/ml.
The degree of escape was indicated by the ratio: diminution of constriction divided by the initial constriction, and expressed in %.
The results show an intestinal escape of 53.0 ± 2.5 [%] and a renal escape of only 23.8 ± 1.7 [%] in the collection of all findings with escape (n = 162, p < 0.001). 9 cases in which during infusion of noradrenaline no escape appeared in the intestinal circulation are not considered in this statement, also 37 cases which lacked escape in the renal circulation. Thus the phenomenon appeared in the intestinal vascular bed in 90.0% (n = 90), in the renal vascular bed only in 67.8% (n = 118) of all examinations. There exists a distinct difference between organs in frequency and intensity of escape, but the humoral induced escape in the kidney is demonstrable in spite of this with sufficient certainity.

Doz. Dr. J. Lutz, Physiolog. Inst. der Univ. D-87 Würzburg, Röntgenring 9

123

LOCALIZATION OF THE VASCULAR ESCAPE PHENOMENON IN THE
INTESTINAL CIRCULATION.
(Zur Lokalisation des vaskulären Escape-Phänomen in der intestinalen Strom-
bahn).

<u>H. Henrich und J. Biester</u>

As the vascular escape phenomenon (VEP) has already been demonstrated in
various circulations the "shunt" theory (Folkow et al. 1964) would appear to be
unsatisfactory, even for morphological reasons alone. In an isolated preparation of the rat small intestine, perfused with tyrode solution by the sup. me-
senteric artery, the constrictive behaviour of various sections of vascular bed
was substractively examined by noradrenaline (NA) infusion from 0,5 to 2,0
µg/ml. The initial perfusion pressure was in each case about 40 mm Hg. In
the intact vascular bed with free venous outflow the escape quotient (Henrich
u. Lutz 1971) of 4,2% appeared at a local concentration of 2,0 µg/ml. After
cutting the intestine longitudinally opposite to the mesenterial insertion-the
equivalent of opening the capillary bed-the escape increased to 12,2%. The separation of the bowel from the mesenterium is the equivalent of a resection of
the capillary section and an opening of the arterioles;at this the escape amounted to 9,8%, and a maximum in the escape dose-response curve for NA
appeared at about 1,5 µg/ml.
These findings suggest, that the VEP occurs in all parts of the arterial resistance vascular bed and so is not caused exclusively by redistribution of
blood through parallel-coupled vessels. The escape seems to be much more a
typical reaction of vascular adjustment of the vessel itself.

Dr. H. Henrich, Physiologisches Institut der Universität, D-87 Würzburg,
Röntgenring 9

124

LOKALE DURCHBLUTUNGSREAKTIONEN UND LOKALER O_2-DRUCK DER UNTER-
SCHENKELHAUT
<u>E. Betz, H. Fischer, M. Strohm</u>

Auf der Haut und in der Epidermis des Unterschenkels von ge-
sunden Versuchspersonen wurden mit Hilfe von Platinelektroden
lokale O_2-Drucke gemessen. Gleichzeitig registrierten wir die
lokale Kr[85]-Clearance in den gleichen Regionen sowie die Wär-
metransportzahl mit Wärmeleitmessern. Die Messungen an Gesun-
den wurden mit Registrierungen von Patienten mit Ulcus cruris
verglichen. Als durchblutungsändernde Reize wählten wir "flush"-
erzeugende vasoaktive Substanzen (z.B. Complamin) und U-V-
Bestrahlung. Die Untersuchungen zeigen die Existenz von Gas-
kurzschlüssen im Gewebe sowie eine deutliche Abhängigkeit der
oberflächennahen O_2-Drucke vom Grad der Hyperämie. Ulcus-
Kranke haben andersartige Reaktionen der Unterschenkelhaut
auf die gleichen Reize, die bei Normalpersonen Hyperämien auslösen.

Prof.Dr.E.Betz, Dr.M.Strohm, Physiologisches Institut, Lehrstuhl I, Tübingen, Gmelinstr. 5 und Prof.Dr.H. Fischer, Haut-
klinik der Universität Tübingen, Liebermeisterstr. 25

125

ELEKTRISCHE REIZUNG DER CAROTISSINUS-NERVEN MIT VERSCHIEDEN
GRUPPIERTEN IMPULSMUSTERN

J. Korsukewitz, K.-H. Dittberner, E. Zerbst

Die Carotissinus-Nerven beim Hund wurden mit äquidistanten Impulsen und mit Impulsgruppen gereizt, deren Trainrate, Traindauer und
Impulsfrequenz in jedem Train bei gleicher Gesamtreizanzahl unterschiedlich waren. Die depressorische Wirkung auf die Herzfrequenz
und den arteriellen Blutdruck bei diesen Reizmustern wird verglichen mit der Reaktion bei Stimulation mit Impulsgruppen, die durch
eine hohe Momentanfrequenz mit unterschiedlicher Dauer und Reiz-
frequenz eingeleitet wurden. Durch dieses Impulsmuster soll die
PD-Empfindlichkeit der Barorezeptoren nachgeahmt werden. Die Wirkung gruppierter Impulse war größer als diejenige äquidistanter
Impulse. Das Ausmaß der Reaktion ließ sich noch durch die Impulsgruppen mit initial hoher Momentanfrequenz steigern. Die pressore-
zeptorische Wirkung sowie die durch Mitreizung der chemorezepto-
rischen Afferenzen bedingte Zunahme der Atemfrequenz und -tiefe
bei gleichbleibender Reizintensität war bei Reizimpulsdauer von
0,2 ms kleiner als bei 2 ms. Die relative Steigerung der Wirkung
bei Gruppierung der Impulse war gegenüber äquidistanten Impulsen
größer als bei Einleitung der Impulsgruppen durch hohe Momentan-
frequenzen. Daraus wird geschlossen, daß für die Übertragung der
depressorischen Erregung durch die phasischen Schaltneurone die
Intervallperioden zwischen den Reizgruppen - etwa im Sinne der Be-
günstigung synaptischer Regenerationsprozesse - von größerer Bedeutung sind als die Impulsfolge innerhalb einer Impulsgruppe.

Dr. J. Korsukewitz, Physiologisches Institut der Freien Universität Berlin, 1000 Berlin 33, Arnimallee 22

126

Zur quantitativen Bestimmbarkeit der Aktionspotentialfrequenz in
Mehrfaserpräparaten von Nerven. D. Kaack, H. Klatt, W. Wiemer *

An Pressorezeptorenfaserpräparaten des Sinusnerven wurden Einzel-
und Mehrfaserneurogramme mit unterschiedlichen Aktionspotential-
dichten in Abhängigkeit vom Druck im Carotissinus registriert.
Eine elektronische Rechenanlage ermittelte daraus vergleichend
nach verschiedenen Verfahren (1,2) Rauschparameter, Grundlinien-
werte, Frequenz und Amplitudenverteilung der Aktionspotentiale
sowie deren Summationshäufigkeit. Außerdem wurden mittels Rechner
Modelle von Mehrfaseraktivitäten erstellt und ausgewertet. Dabei
zeigte sich, daß bei Mehrfaseraktivitäten die gemessenen Fre-
quenzwerte in besonderem Maße von der Festsetzung der Signal-
Rausch-Grenze abhängen, und daß - in Übereinstimmung mit theore-
tischen Überlegungen - die Zahl der Potentialüberdeckungen mit
der Aktivitätsdichte steil zunimmt. Daraus resultierte besonders
bei Präparaten mit vielen Fasern eine wachsende Diskrepanz zwischen vorhandener und meßbarer Signalfrequenz, die bei der Bestimmung von Reiz-Aktivitätsfunktionen zu geringe Steilheiten bis
zum Erreichen von Sättigungswerten vortäuschen kann. Mehrfaser-
präparate erscheinen demnach nur in einem begrenzten Aktivitäts-
bereich zur exakten Quantifizierung der Potentialfrequenz geeig-
net. Der Umfang dieses Bereichs hängt dabei von der Charakteristik
des Potentialverlaufs der betreffenden Faserart, der Art der Ableitung sowie dem verwendeten Analyseverfahren ab.

1) Wiemer et al.,Pflügers Arch. 300, 94 (1968)
2) "   "   "   Proc.XXV Int.Congr.Physiol.Sc.,Vol.IX,604(1971)

*Arbeitsgruppe Regulationsphysiologie, Institut f. Physiologie
der Ruhr-Universität, D-463 Bochum
(Mit Unterstützung durch DFG und Stiftung Volkswagenwerk)

127

RESPONSE PATTERNS IN VASOCONSTRICTORS TO THE SKIN AND MUSCLE UPON
STIMULATION OF SKIN RECEPTORS IN CHRONIC SPINAL CATS.[+]
(Antwortmuster in Vasokonstriktoren zur Haut und Muskulatur nach
Reizung von Hautrezeptoren in chronisch spinalisierten Katzen).
<u>G. Horeyseck, W. Jänig.</u>
Basic patterns of organisation of somatosensory input to vasomotor
output have been reported (Horeyseck & Jänig, XXV Int. Congr. Physiol. Sci.), however, no statements were possible on the sympathetic reflex centers at the spinal segmental level. Therefore experiments were performed in cats with transection of the spinal cord
at T_8 7 to 95 days previously. We recorded the reflexes in sympathetic fibres in nerves from the hairy skin and the muscles of the
hindlimb upon natural stimulation of skin receptors as follows:
1) Sympathetic fibres in skin nerves, identified by stimulation
of the lumbar sympathetic trunk, were inhibited by stimulation of
hairfollicel receptors and excited by pain stimuli (mechanical and
heat). 2) Sympathetic fibres in muscle nerves showed similar response patterns. It is inferred that the reflex pattern in cutaneous sympathetic fibres in chronic spinal cats is qualitatively the
mirror image to that found in brain intact cats. On the other hand
the reflex pattern in muscular sympathetic fibres is the same on
the spinal and on the brain stem level. It must be concluded that
the synaptic connections between the different cutaneous afferents
and sympathetic fibres to the skin are inversely organized between
the spinal cord and the brain stem.
+ Supported by the Deutsche Forschungsgemeinschaft
II. Physiologisches Institut der Universität
D-6900 Heidelberg, Bergheimer Strasse 147

128

ELECTROPHYSIOLOGICAL STUDIES ON THE HIND LIMB VASODILATORS
ON ANESTHETIZED CATS
(Elektrophysiologische Untersuchungen über die Vasodilatatoren der Hinter-
extremität bei narkotisierten Katzen)
<u>G. Horeyseck[+], W. Jänig[+], F. Kirchner[++], V. Thämer[++]</u>

If there exist sympathetic vasodilator fibres in the hind limb it should be
possible to record the electrical activity of these fibres by mean of single
fibre preparation. We produced an atropine-sensitive vasodilation by stimulation of the hypothalamic defence area and recorded the activity of sympathetic single fibres of gastrocnemius soleus nerve.
Two types of fibres could be characterized:
1) About 90% of the fibres showed the following pattern : a) spontaneous activity b) depression of the spontaneous activity by vagus nerve stimulation
   c) reflexes by sural nerve stimulation d) increased activity upon defence
   area stimulation as well as stimulation of pressoric sites of the hypothalamus.
2) About 10% of the fibres showed neither spontaneous nor reflex activity
   upon sural nerve stimulation. They could be excited exclusively upon
   defence area stimulation.
The results suggest that the latter fibres are the sympathetic vasodilators
which have been so far hypothetical.

Supported by the Deutsche Forschungsgemeinschaft.
Adress of the authors :[+] II. Physiologisches Institut,[++] I. Physiologisches
Institut, 69 Heidelberg, Postfach 1347

129

EFFECTS UPON THE SOMATO-SYMPATHETIC REFLEX TRANSMISSION IN SPI-
NALIZED CATS (Einfluss auf die Übertragung des somato-viszeralen
Reflexes bei spinalisierten Katzen). <u>M. Illert</u>
In the spinal cord descending pathways have been described which
are able to depress the tonic sympathetic activity (Illert, Ga-
briel,Brain Research 1970). For investigation of this inhibitory
effect the early (spinal) somato-sympathetic reflex (SSR) was
tested in chloralose-anaesthetized cats: 1) Before spinalization
intercostal nerve stimulation elicited a SSR in a white ramus (W
R_{T11}) and splanchnic nerve (SN); in a renal nerve (RN) the SSR
was detected not regularly. After spinalization (C_2) the SSR increased in the SN and RN, but not regularly in the WR. 2) In the
RN the increased SSR was followed by a period of reduced spontaneous activity (up to 1.5 sec) and a depression of a following
SSR. 3) After spinalization, the cervical cord (C_4-C_6) was explo
red by monopolar stimulation for regions affecting the SSR ampli
tude. Excitation of the ventral part of the cord decreased the
tonic activity; the SSR was depressed (110 points) or not influenced (25 points). Excitation of the dorsolateral part of the la
teral funiculus and of the dorsal horn increased the tonic activity; the SSR was decreased (85 points) or not influenced (37
points). Stimulation of 62 points depressed the SSR but not the
tonic activity, of 105 points changed neither of them. 4) Intraspinal stimulation affected the SSR in pre- and postganglionic
nerves in the same way shown by simultaneous recording of WR, SN
and RN.

Dr. M. Illert, Physiologisches Institut der Universität,
D-8000 München 15, Pettenkoferstrasse 12

130

REVERSIBILITY OF POSTHEMORRHAGIC DETORIORATION IN RABBIT

(Reversibilität der posthämorrhagischen Störungen beim Kaninchen)

<u>J. Musil</u>, Sandoz AG, CH - 4056 Basel.

In rabbits (both sexes) the arterial blood pressure was lowered

by exsanguination to the 40 mm Hg. During the 60 minutes following

the hemorrhagy, the blood samples were analysed (pH, pO_2, pCO_2)

and electrocortical activity was registered; the EEG records were

quantified using a modified Fourier transformation. It was found

that the maximal changes of all parameters occured after the blood

removing and (after a transient period of compensation) at the end

of the hypotonic period. Only the development of the posthemor-

rhagic acidosis had a continuously progredient character. Inspite

of the pooling of cardiac output (Rutheford, 1968) a prompt re-

action of EEG was observed: the power value declined, being by

the reinfusion not completely recovered; the spindle activity

disappeared and was replaced by slow waves with low amplitudes.

The relevance of the posthemorrhagic reactivity complex for

pharmacological use is discussed.

131

BURSTING BEHAVIOR EVOKED IN APLYSIA NEURONS BY PENTYLENETETRAZOL
(Evozierte Burst-Entladungen durch Cardiazol in Aplysia Neuren)
D.S. Faber, M.R. Klee

The convulsant pentylenetetrazol (PTZ), 10-70 mM, produces 2 types
of convulsive behavior in different identified neurons of the ab-
dominal ganglion of Aplysia calif.: i) Membrane depolarization and
high frequency discharges up to the level of inactivation, ii) In
relatively silent cells, depolarizing waves or membrane potential
oscillations with bursts of spikes, a behavior comparable to the
normal bursting pacemaker cells (BPC) of the ganglion. The membrane potential changes are not due to an increase in g_{Cl}. PTZ always introduces or enhances anomalous rectification, another characteristic of BPCs, while the resistance near resting potential is
increased or unaltered. In all cells, PTZ reduces both spike overshoot and hyperpolarizing afterpotentials; the latter may even become depolarizing. In voltage clamp, these effects correlate with
dose-related reductions in the inward (15-60%) and outward(20-35%)
currents, and with an increase in the K^+-inactivation during depolarization. The early outward current (Stevens, Neher & Lux),
another characteristic of Aplysia BPCs, is less affected than the
late current. These results suggest that PTZ-induced depolarizations are due to K^+-inactivation and to an increase in resting
g_{Na}, and that the oscillatory behavior is related to the transition from the state of anomalous rectification to that of K^+-in-
activation and consequent effects on electrogenic pumping mechanisms.

Drs. D.S. Faber and M.R. Klee, Max-Planck-Institut für Hirnforschung, Neurobiologische Abt., D-6 Ffm.-Niederrad,Deutschordenstr.

132

REDUCTION OF THE EARLY INWARD SODIUM AND CALCIUM CURRENTS OF
APLYSIA NEURONS BY ETHANOL   (Reduzierung der frühen Natrium- und
Kalzium-Einwärtsströme in Aplysia Neuren durch Äthylalkohol)
M.C. Bergmann, D.S. Faber, M.R. Klee

Adding o.5-4% ethanol to the bathing medium of the visveral ganglion of Aplysia causes TTX-sensitive depolarizations up to an inactivation of spike generation in most cells, while the small group
classified as ACh-D-cells are hyperpolarized. In all cells spike
amplitude is reduced; voltage clamp analysis revealed, similar to
squid axon, ethanol reduces the early inward current by ca. 50%
and shifts the peak inward current to higher voltages. If the sodium component is blocked by TTX, ethanol reduces the remaining calcium current by the same amount. This effect is comparable to that
of 10-20 mM mephenesin which completely and exclusively blocks
both inward current components. While the delayed outward current
is relatively unaffected, the early outward current activated by
hyperpolarizing prepulses is reduced, although less than the inward current and its rise time significantly increases. Consequently, the deviation of the apparent steady state inactivation for
the inward current from the HH-curve is accentuated, approximating
in some cases a bell-shaped form, while shifts in the depolarizing
direction are minimal. Ethanol in this concentration also blocks
both de- and hyperpolarizing responses to acetylcholine; in some
D-cells S-methyl-5'-thiopyridoxol, a metabolite of pyrithioxin,
counteracts this alcohol action, while its effect on the changes
in spike genesis is minimal.

cand.med. M.C. Bergmann, Max-Planck-Institut für Hirnforschung,
Neurobiologische Abt., D-6 Ffm.-Niederrad, Deutschordenstr. 46

RUHE- UND AKTIONSPOTENTIAL VON NITELLA MUCRONATA (A. BRAUN) MIQUEL
E. Koppenhöfer

Einzelne in Kultur gezogene Internodalzellen wurden für 3-13 Tage
bei 20°C und 250 lx auf künstliches Teichwasser, KTW (mM: NaCl:
1,0; KCl: 0,1; CaCl$_2$: 0,1) adaptiert und ihre Ruhe- und Aktionspotentiale (RP bzw. AP) mit in die Vakuole eingestochenen Mikroelektroden in KTW bei 22±0,5°C (Mittelwert und sein mittlerer Fehler)
(n=28), 1700 lx (weißes Glühlampenlicht) und pH=7,2±0,1 gemessen.
Zusatz von 1 mM Tris (als Tris-HCl Puffer) zum KTW sowie der Tris-
Gehalt der Zuchtlösung (bis 4 mM) beeinflußt nicht das RP (-183±
1,1 mV; n=28), den Spitzenwert des AP (-4,6±2,0 mV; n=21), das
Schwellenpotential (97,1±3,5 mV; n=16) und die Dauer des AP
(2-3 sec). pH-Änderung von 6 nach 5 des Außenmediums depolarisiert
die Alge im Gegensatz zur Nervenfaser im Mittel um 42 mV (n=2).
10-fache Erhöhung der $[K]$ im KTW depolarisiert um 71,8±1,6 mV
(n=9), halbiert den bei dieser Depolarisation mit 5 sec-Impulsen
gemessenen "Membranwiderstand" R_m (n=3) und verursacht Unerregbarkeit. TEA (5 mM) beseitigt die Unerregbarkeit, unterdrückt aber
nicht (wie bei der Schnürringsmembran durch spezifische Blockade
von P_K) die Depolarisation und die R_m-Abnahme. TEA verlängert das
AP von Nitella in KTW wie das der Nervenfaser durch Plateaubil-
dung in der Repolarisationsphase (vorübergehend bis auf 8-10 sec).
Cocain (150 µM) depolarisiert die Alge im Gegensatz zur Nervenfaser um 62,2±5,0 mV (n=8) und flacht die Repolarisationsphase des
AP gleichförmig ab. Tetrodotoxin (3,1 µM) ist bei Nitella unwirksam.

Priv.-Doz. Dr. E. Koppenhöfer, Physiologisches Institut der
Universität D 2300 Kiel, Olshausenstraße 40/60

DAS "GENERATORPOTENTIAL" IN DER IONENTHEORIE DER ERREGUNG
B. Bromm

Voltage clamp Daten nach Frankenhaeuser und Huxley für die Schnürring-
membran beschreiben rhythmische Entladungen bei Applikation konstanter
Reizströme. Die Spikefrequenzen ν (ca 150 Hz bis 300 Hz, 20 °C) sind dem
Logarithmus der Reizstärke i_m proportional (Bromm und Frankenhaeuser 1972).
Nach Blockierung der regenerativen Prozesse (hier der Na-Permeabilität
P_{Na}) erzeugt i_m eine steady state Depolarisation $V_{m\infty}$, ebenfalls etwa
proportional dem Logarithmus von i_m. Elimination der Reizstärke aus beiden Beziehungen führt zu einer linearen Relation zwischen Frequenz ν und
Potential $V_{m\infty}$ in qualitativer Übereinstimmung mit Beobachtungen an Rezeptoren.
Eine weitergehende Analyse dieser Befunde durch die Ionentheorie zeigt
jedoch, dass hier zwei inkompatible Grössen (ν, $V_{m\infty}$) korreliert werden.
Die Depolarisation bei blockierter P_{Na} hat keine funktionelle Beziehung
zur rhythmischen Reizbeantwortung. Auch bei nichtblockierter P_{Na} kann die
Membrandepolarisation durch den kathodischen (d.h. Auswärts-) Strom nicht
als Generatorpotential verstanden werden, da durch sie die für die Spike-
entstehung entscheidende P_{Na} zunehmend inaktiviert wird. Bei Verzicht auf
die Annahme räumlich getrennter Orte für die Entstehung von Generatorpotential und Spikes ist jedoch ein frequenzbestimmendes "Generatorpotential"
durch erhöhten Na-Einwärtsstrom experimentell am Schnürring nachzuweisen
und durch die Ionentheorie erklärbar.

Lit: Bromm und Frankenhaeuser 1972 im Druck Pflügers Arch. ges. Physiol.

Doz. Dr. B. Bromm, Physiologisches Institut der Ruhr-Universität,
463 Bochum-Querenburg

135

RATE OF TETRODOTOXIN (TTX) ACTION ON SINGLE NODES OF RANVIER
(Geschwindigkeit der Wirkung von TTX auf die Schnürringsmembran)
H.-H. Wagner, J. R. Schwarz, W. Ulbricht

In motor nerve fibres of the frog, Rana esculenta, the maximum
rate of rise, $\dot{V}_A$, of repetitively evoked action potentials was recorded at 20 - 22° C in a chamber that permitted a change of [Na]
at the membrane with a time constant of 30 - 50 msec. After equilibration in 3.1, 15.5, and 31 nM TTX (pH = 7.2), $\dot{V}_A$ was reduced
to 80% (=$\dot{V}_1$), 40% (=$\dot{V}_2$), and 15%, respectively, of its value in
Ringer solution. On a sudden change from Ringer to 31 nM TTX, $\dot{V}_A$
declined relatively slowly, reaching $\dot{V}_1$ after 5.7 ± 0.5 sec (mean
± S.E.) and $\dot{V}_2$ after 18.4 ± 1.1 sec (n = 11). During the washout
$\dot{V}_A$ recovered to $\dot{V}_2$ after 5.3 ± 0.6 sec and to $\dot{V}_1$ after 44.1 ± 3.0
sec (n = 11 and 9). On applying 15.5 nM TTX, $\dot{V}_1$ was reached within
10.8 ± 0.6 sec and on washout within 38.6 ± 2.9 sec (n = 10).
In fibres in good condition $\dot{V}_A$ fully recovered after TTX treatment. The time course of the changes in $\dot{V}_A$ was not influenced by
the stimulus frequency between 0.2 and 20 Hz. The latency of the
TTX effect as tested with 155 nM was hardly longer than that of a
Na-poor solution. Hence TTX must have easy access to the membrane
receptor whose reaction with the drug appears to be rate-limiting.
The rate constants can be estimated from the data above if
allowance is made for the non-linear relation between the re-
ductions of $\overline{P}_{Na}$ ($\propto$ receptor occupancy) and that of $\dot{V}_A$. Tentative
values are: $k_1 = 4 \times 10^6$ 1 mol^{-1} sec^{-1}; $k_2 = 1.5 \times 10^{-2}$ sec^{-1}.

Dr. H.-H. Wagner, Physiologisches Institut der Universität,
D-2300 Kiel, Olshausenstraße 40-60

136

DER EINFLUSS DER TEMPERATUR AUF DIE STATIONÄRE STROM-SPANNUNGS-
CHARAKTERISTIK DES RANVIERKNOTENS
H. Barske, H. Engelhardt

Die stationäre Strom-Spannungscharakteristik einzelner Ranvier-
knoten von Xenopus Laeves wurde in einer Dreielektrodenanordnung
nach Stämpfli (1956) gemessen. Ein Einfluß der Temperatur des Mit-
telröhrchens auf den Nebenschluß über den Luftspalt konnte durch
eine Modifikation der Apparatur ausgeschlossen werden.Die Temperatur der extrazellulären Lösung (Ringerlösung mit 40 mM/l KCl
im Austausch gegen NaCl) konnte stufenartig von 7°C bis 31 °C
variiert werden. Die Tabelle gibt die Verschiebungen des Membranpotentials ΔV_m und der Übergangsspannung ΔV_{Tr}, die stationären
Grenzwiderstände R_I und R_{II} sowie die Dauer der Aktionspotentiale (Ringerlösung am Schnürring). Die gemessene Änderung der AP-
Dauer entspricht den in der Literatur angegebenen Werten. Das Membranpotential ändert sich proportional zur absoluten Temperatur. Die Übergangsspannung wird kaum beeinflußt.Die statio-

Temp	6,5	22	31	°C
ΔV_m	-3	0	2	mV
ΔV_{Tr}	<1	0	<1	mV
R_I	220	150	100	M
R_{II}	13,5	9,2	8	M
AP-Dauer	4	1,5	1	msec

nären Grenzwiderstände ändern sich mit einer Aktivierungsenergie
von 3,8 kcal/Mol ähnlich wie der Widerstand der extrazellulären
Lösung (5 kcal/Mol).

Institut für Biologie der GSF, 8042 Neuherberg

137

CURRENT-VOLTAGE CURVES OF BLACK LIPID MEMBRANES AT HIGH ELECTRIC FIELDS
(Strom-Spannungskennlinien schwarzer Filme bei hohen Feldstärken)
<u>R. Brennecke</u>

The steady-state conductance of black lipid membranes has not previously
been measured systematically at membrane voltages V much larger than
$\pm$ 100 mV because the membranes are unstable at larger voltages. Such
measurements become possible, however, when special electronic techniques are used and allow a more precise comparison of membrane properties and theoretical models.

Using these techniques I found that in the extended voltage range
$|V| \leq$ 450 mV the steady state ionic current density (i) through black
films from oxidized cholesterol are described by
$$i/G_0 = (kt/0.37e)\ \sinh\ (0.37\ eV/kt)$$
where the right side is independent of G_0 (specific conductance at low
voltages, varied by a factor of 10^5), if diffusion polarisation in the
water phases is avoided. These experiments agree with results of an
electrodiffusion theory which regards as rate limiting the transport
through the hydrocarbon phase ($|V| \leq$ 150 mV) (Neumcke and Läuger, 1969).

Dr. R. Brennecke, II. Physiologisches Institut der Universität des
Saarlandes, 665 Homburg/Saar.

138

THE RELATION BETWEEN FORCE AND VELOCITY DURING LENGTHENING OF
THE ACTIVE MUSCLE AND THE ACCOMPANYING STRUCTURAL CHANGES
(Die Beziehung zwischen Kraft und Geschwindigkeit bei Dehnung
des aktiven Muskels und die Veränderungen seiner Struktur)
<u>H.Klein</u>

Frog sartorius muscles were lengthened during rest and tetanus.
The amount of lengthening was 12% of muscle rest length and the
velocity of lengthening varied between 0.07 and 1.0 $\Delta L \cdot L_0^{-1}$
$\sec^{-1}$. The measured force length diagrams depend on the velocity
of lengthening and its characteristic is changed by ionic strength
and tonicity of the medium. Light and EM pictures show that in
normal Ringer solution the A-bands are broadened about 9% if the
velocity of lengthening is $> 0.33 \Delta L \cdot L_0^{-1} \sec^{-1}$, whereas slow
lengthening ($0.07 \Delta L \cdot L_0^{-1} \sec^{-1}$) produces no lengthening of A-
bands. The broadening of A-bands is reversibel. In hypertonic
media (2xR) a broadening of A-bands was found, when the muscle
is lengthened with $0.33 \Delta L \cdot L_0^{-1} \sec^{-1}$ during rest and activity.
The characteristic shape of the force-length-curves is discussed.
The basic equation of hydrodynamics is applied to the movement of
attached and open cross-bridges. It yields the Hill equation for
active shortening and a simple equation which describes the en-
forced lengthening of active muscle: $V_L = -V_0 (P^*_0 - P_0) \cdot (P^*_0 - P)^{-1}$
V_L: rate of enforced lengthening; V_0: rate of lengthening, which
does not give rise to tension increase; P_0: maximal tetanic tension of muscle at rest length; P^*_0: maximal force which is reached
by lengthening.
Dr.H.Klein, Max-Planck-Institut f.med.Forschung,Abt.Physiologie,
D-69 Heidelberg, Jahnstraße 29

MYOGENE OSCILLATION BEI SKELETT- UND HERZMUSKELN

P. Heinl, G.J. Steiger, J.C. Rüegg

Wie überlebende Skelettmuskelfasern des Frosches (Armstrong, Huxley und Julian, 1966) zeigen glycerinextrahierte Faserbündel von Skelett- und Herzmuskeln in ATP-Salzlösung bei rechteckiger Dehnung nach dem phasengleichen Spannungsanstieg einen näherungsweise exponentiell verzögerten Spannungsanstieg und bei Entdehnung einen dazu spiegelbildlichen Spannungsabfall. Infolge der relativ zu den Längenänderungen verzögerten Spannungsänderungen leisten extrahierte Fasern des Frosch-Sartorius oscillatorische Arbeit, bei sinusförmigen Längenänderungen zwischen 5 und 50 Hz ($\triangle$L 0.5 % L$_0$, Frequenzoptimum 20 Hz). Die optimale Oscillationsfrequenz von Kaninchenherzmuskeln (Papillarmuskeln) liegt bei 0.3 Hz (20° C) bzw. 2.3 Hz bei 37° C. Ebenso unterschiedlich wie die optimalen Oszillationsfrequenzen verhalten sich die spezifischen ATPase-Aktivitäten von Herz- und Skelettmuskel-Aktomyosin. An einem auxotonischen Hebelsystem entsprechender Eigenfrequenz oszillieren glycerinierte Herz- und Skelettmuskelpräparate spontan.

Cand. med. P. Heinl, Institut für Zellphysiologie der Ruhr-Universität Bochum, D-4630 Bochum, Buscheystraße

KONTRAKTIONSKINETIK GLYCERINEXTRAHIERTER INSEKTENMUSKELN NACH RECHTECKFÖRMIGEN LÄNGENÄNDERUNGEN IN ABHÄNGIGKEIT VON VERSCHIEDENEN ZWEIWERTIGEN KATIONEN UND NUCLEOSIDTRIPHOSPHATEN

G.J. Steiger, T. Sawaya, B. Poeschmann

Glycerinextrahierte, asynchrone Insektenmuskeln sind in Ca- und Mg-haltigen ATP-Lösungen dehnungsaktivierbar, können myogen oscillieren und sind in ihren Leistungsvermögen lebenden Muskelfasern vergleichbar. Werden die Mg-Ionen der Inkubationslösung (15 mM ATP, 15 mM Mg^{++} pCa 5-6, pH 6.5) durch andere zweiwertige Metall-Ionen wie Mn, Co, Cd u.ä. ersetzt, so zeigen die verwendeten Faserpräparate lediglich mit Mn^{++} Dehnungsaktivierung. Unter diesen Bedingungen sind Kontraktionsgeschwindigkeit, Oscillationsfrequenz und Frequenz der isometrischen Nachschwingungen erhöht, die kontraktile Spannung ist erniedrigt, die ATPase-Aktivität näherungsweise gleich. In Ca- und Mg-Ionen "armer" Kontraktionslösung (7.5 mM ATP, pCa $\sim$8, pMg $\sim$5) kontrahieren und erschlaffen die Muskelfasern ca. 50 mal langsamer als in "normaler" Kontraktionslösung. Die ATPase-Aktivität ist entsprechend erniedrigt. Änderungen in der Reaktionskinetik ergeben sich auch, wenn ATP durch ITP substituiert wird. Kontraktionsgeschwindigkeit, Oscillationsbereich und Leistungsfähigkeit sind erniedrigt, die Fähigkeit, Spannung zu entwickeln, und die Halteökonomie sind erhöht. Aus der Analyse der Kontraktionskinetik lassen sich Aussagen über den Elementarmechanismus der Querbrückenbewegung machen (vgl. A.F. Huxley und R.M. Simmons).

Dr. G.J. Steiger, Institut für Zellphysiologie der Ruhr-Universität Bochum, D-4630 Bochum, Buscheystraße

141

MUSKELKONTRAKTIONSZYKLEN UND KONFIGURATIONSÄNDERUNGEN DER QUER-
BRÜCKEN MIT PYROPHOSPHAT STATT ATP ?
H.J. Kuhn, G. Beinbrech und J.C. Rüegg

Glycerinextrahierte Fasern von Insekten-Flugmuskeln (Lethocerus
spec.) entwickeln auch ohne Ca^{++} nach Auswaschen des ATP Rigor-
Spannungen von etwa 20 dyn pro Faser, und ihre Querbrücken er-
starren in der "arrowhead"-Konfiguration (Reedy, Holmes und Tre-
gear, 1965). Mg-Pyrophosphat (0.5 mM) löst ähnlich wie ATP als
"Weichmacher" diese Starre und ändert anscheinend die Winkel-
stellung der Brücken. Spannung und Dehnungswiderstand sinken um
70 %, steigen jedoch nach Auswaschen des Pyrophosphats mit ATP-
freier Lösung (50 mM KCl, 10 mM Na-Azid, 4 mM EGTA, 20 mM Histidin, pH=6.5, 20° C) wieder an. Mit elektronenmikroskopischen Methoden läßt sich erneut die "arrowhead"-Konfiguration der Brük-
ken nachweisen. Zugabe und Wiederauswaschen von Pyrophosphat in-
duzieren bis 14 mal wiederholbare "Kontraktionszyklen" mit Span-
nungsamplituden von etwa 4 dyn/Faser, das sind etwa 50 % der mit
Calciumionen (10^{-5} M) und ATP induzierten Kontraktionsspannung
ungedehnter Fasern. Diese Befunde passen zur Vorstellung von
A.F. Huxley und Simmons (1971), wonach der spannungserzeugende
Schritt des Querbrückenzyklus wahrscheinlich eine ohne (simulta-
ne) ATP-Spaltung spontan ablaufende Konfigurationsänderung der
Brücken zwischen Aktin und Myosin sein soll.

Dr. Hans J. Kuhn, Institut für Zellphysiologie der Ruhr-Universität Bochum, D-4630 Bochum, Buscheystraße

142

THE CONVERSION OF OSMOTIC INTO CHEMICAL ENERGY IN THE SARCOPLAS-
MIC VESICLES (Die Umwandlung osmotischer in chemische Energie in
den sarkoplasmatischen Vesikeln)   Madoka Makinose
The membrane protein of the sarcoplasmic reticulum (SR) is labelled with radioactive phosphate during calcium accumulation in media containing ATP or acetyl phosphate and radioactive orthophos-
phate. If excess EGTA is added to the system, the level of the
phosphoprotein rises instantaneously and is maintained even after
the cessation of the calcium uptake. Addition of ADP, which induces a rapid calcium outflux and simultaneous ATP-synthesis, causes an immediate disappearance of the phosphoprotein. This phosphoprotein is stable in acidic pH and easily decomposed in the presence of hydroxyl amine at pH 5.3. Its maximal amount is of the
same order as that of the phosphoprotein obtained by labelling
the SR-protein with (^{32}P)-ATP during the calcium uptake. Even in
the absence of any energy rich substrate, if the SR-vesicles are
incubated in a solution containing 2 to 5 mM calcium and 5 mM or-
thophosphate for 2 hrs, an addition of excess EGTA likewise causes formation of phosphoprotein. Its phosphoryl group is transfer-
red readily to ADP leading to synthesis of a significant amount
of ATP. It is concluded that the same active intermediate parti-
cipates to either inward or outward translocation of the calcium
across the membrane and that the energy rich phosphoryl binding
can be formed in the SR-membrane as the result of direct conversion of osmotic energy of the calcium ions into chemical energy
independent of the presence of any energy rich substrate.

Dr.Madoka Makinose, Max-Planck-Institut f.med.Forschung, Abteilung Physiologie, D-69 Heidelberg, Jahnstraße 29

143

CHLORIDE MOVEMENTS IN RESTING AND STIMULATED MAMMALIAN SKELETAL
MUSCLE. (Chloridbewegungen im ruhenden und gereizten Skeletmus-
kel)
W.Westphal, P. Limbourg

All experiments were done on the rat diaphragm at $38^{\circ}C$ (Krebs'
bicarbonate saline). The muscle was stimulated across the phre-
nic nerve (impulse duration: 0.5 msec; frequency: 12.5,25,50,100,
200 per minute; strength: 20% above maximal; duration of experiment: 90,120 or 180 minutes). Determination of chloride by a
titrimetric method, estimation of E_M by conventional technique.

According to the experimental conditions the muscles gained or
lost chloride. There was a close relationship between the elec-
tro-chemical potential $(x, \text{cal} \cdot \text{meq}^{-1})$ on the one and the rate
of net movement $(y, \text{pM} \cdot \text{cm}^{-2} \cdot \text{sec}^{-1})$ on the other hand. This was
revealed as well in resting as in stimulated preparations. The
regression was estimated to be about:

$$y = -6.05 \ x \ -4.57 \pm 7.06 \ (n=137, \ r=-0.497, \ \text{resting}),$$
$$y = -15.89 \ x \ -13.59 \pm 7.44 \ (n=88, \ r=-0.690, \ \text{stimulated}).$$

The slopes of the two lines differed statistically on a high level (p=0.001), as the intercept with the abscissa (-0.76 or
$-0.86 \ \text{cal} \cdot \text{meq}^{-1}$ respectively) deviated from zero (p=0.01).
If it is assumed that the analytical data for Cl_i and E_M are
accurate within stated limits, it seems possible that a considerable part (1/2 to 3/4) of the intracellular chloride of incubated mammalian skeletal muscle is not free but bound.
Dr.W.Westphal, Physiologisches Institut der Universität,
D-8700 Würzburg, Röntgenring 9

144

MYOTONIA PRODUCED IN VITRO BY REDUCTION OF EXTRACELLULAR CHLORIDE
R. Rüdel and J. Senges. Physiologisches Institut der Technischen
Universität München and Medizinische Poliklinik der Universität
Heidelberg.

Experiments by Lipicky & Bryant (J.gen.Physiol.50:89-111;1966)
on myotonic goats and by ourselves (Pflügers Arch. in press) with
drug-induced motonia (2,4-D; diazacholesterol) led to the sug-
gestion that an important change of the membrane of a myotonic
muscle fibre is a decreased chloride conductance. We therefore
tried and succeeded to produce myotonia just by reducing the
chloride membrane current. This was done by replacing 50 to 100 %
of the extracellular chloride with the impermeant but otherwise
ineffective anion isethionate (Similar experiments were recently
reported by Bretag to the II. Int. Congress on Muscle Diseases,
Perth, Australia, 1971). All aspects of the myotonic reaction -
prolonged contraction caused by repetitive activity of the muscle
fibre membranes on single stimulation and reduction of the effect
by foregoing muscular exercise (warm-up) - could be easily evoked
in strips from normal rat diaphragms after replacement of 70 %
extracellular chloride. Patterns of spontaneous activity were
strikingly similar to those found by Hofmann et al. (Electroenceph.
clin. Neurophysiol. 21:521-537;1966) in myotonic patients.
Procaine amide and quinidine which are used for the therapy of
motonic patients also reduce the myotonic reaction in low chloride solution. The alkaloide sparteine, known as antifibrillatory
heart drug, was found to have an even better effect.

Supported by the Deutsche Forschungsgemeinschaft.

145

BEHAVIOR OF INTRACELLULAR pH IN EXCISED RAT DIAPHRAGMS WITH META-
BOLIC CHANGES OF EXTRACELLULAR pH
(Verhalten des intracellulären pH am isolierten Rattenzwerchfell
bei metabolischen Veränderungen des extracellulären pH)
N.Heisler, P. Nissen, J. Piiper

In order to investigate the relationship between intracellular pH
(pH_i) and extracellular pH (pH_e) in metabolic disturbances of
acid-base balance, excised rat diaphragms were equilibrated in
Krebs-Ringer solution of constant P CO_2 = 42 mm Hg, but of varied
bicarbonate concentration (7 to 85 meq/l) at 37°C. The pH_i was
measured by the DMO method, using C 14-labeled DMO and H 3-labeled
inulin.
In control conditions (pH_e=7.40) pH_i averaged 6.98 (S.E.$\pm$0.01).
In the pH_e range from 6.5 to 7.7 the following values for the ratio $\Delta pH_i/\Delta pH_e$ were found:

<u>0.78</u>, for 6.5<pH_e<7.1; <u>0.11</u>, for 7.1<pH_e<7.4; <u>0.74</u>, for 7.4<pH_e<7.7.

The $\Delta pH_i/\Delta pH_e$ ratio for the range 7.1<pH_e<7.4 was significantly
different from the values for the other pH_e ranges, but not from
zero. In this "plateau" region of pH_i large changes of intracellu-
lar/extracellular distribution ratio of HCO_3^-, from 0.30 to 0.61,
occurred with pH_e decreasing from 7.4 to 7.1.
Such behavior, which is similar to that reported by Adler et al.
(J. Clin. Invest. <u>44</u>, 8, 1965), cannot be easily explained by
buffering and passive distribution of ions, and apparently active
transport of H^+ or HCO_3^- ions is involved.

Dr. N. Heisler, Abteilung Physiologie, Max-Planck-Institut für
experimentelle Medizin, D-3400 Göttingen, Hermann-Rein-Str. 3

146

LACTIC ACID PERMEATION RATE IN WORKING SKELETAL MUSCLE DURING
ALKALOSIS AND ACIDOSIS (Milchsäurepermeationsgeschwindigkeit
im arbeitenden Skeletmuskel bei Alkalose und Azidose) H. Hirche,
V. Hombach, H.D. Langohr, U. Wacker

In isolated, blood perfused, supramaximally stimulated, isotoni-
cally working gastrocnemii of dogs lactic acid (LA) output was
measured according to the Fick principle. Simultaneously LA concentration of muscle tissue was determined at rest and at different times during work. Since LA was formed much more rapidly
at the onset of exercise than was released from the muscle LA
accumulation occured. At LA concentrations of about 30 µmoles
per g wet weight in muscle tissue LA outflow was about 1.5 µmoles
per g per min when acid base balance was normal. Alkalosis induced by THAM infusions (arterial pH 7.48, arterial standard
HCO_3^- concentration 33 mval per liter) increased LA outflow up
to about 4 µmoles per g per min while blood flow and endurance
of the muscles remained unchanged compared with experiments with
normal acid base balance. Acidosis induced by the infusion of
NH_4Cl decreased the rate of LA efflux out of the working gastrocnemii. It is concluded that the rate of LA efflux is influenced
by the H^+ concentration in the interstitial fluid. The observation of increased rate of LA efflux at high concentrations of
HCO_3^- is discussed in connection with the known fact of markedly
reduced LA concentration increases in blood during work at
altitude.

Prof. Dr. med. H. Hirche, Lehrstuhl für Angewandte Physiologie
der Universität, 5 Köln 41, Robert Koch-Strasse 39

147

Conduction velocities of individual motor axons innervating frog fast
and slow muscle fibres (Leitungsgeschwindigkeiten einzelner motorischer
Nervenfasern, die Zuckungs- und Tonusfasern des Frosches innervieren.
<u>H.Schmidt, E.Stefani</u>

Frog skeletal muscles contain two groups of muscle fibres: Fast fibres
innervated by large, and slow fibres innervated by small motor axons;
their respective conduction velocities were found to be 10-40 and 4-8 m/
sec at 22°C (Kuffler & Gerard 1947). These values were obtained with extracellular recording of junctional potentials from whole muscles. This
study was now extended by recording junctional potentials in individual
muscle fibres and to determine the conduction velocity of each motor
axon by stimulating the nerve at two different points. Experiments were
performed on piriformis muscles of Rana temporaria at 5-10 ^{o}C; mechanical artifacts were greatly reduced by rolling the muscle around a poly-
ethylene rod. Muscle fibres were impaled with two microelectrodes and
characterized as fast or slow according to their membrane properties
(Stefani & Steinbach 1969).- Two distinct populations of muscle fibres
were found without overlap: Fast fibres innervated by single motor axons
with a mean conduction velocity (c.v.) of 14,5 (range 12,5-15) m/sec and
a mean threshold (th.) of 1,5 (0,5-2,6) V; slow fibres usually innervated by few axons with a mean c.v. of 3,2 (1,8-5) m/sec and a mean th. of
3,6 (2,7-6,7) V. These data agree with results of previous authors; moreover, since muscle fibres were not chosen by selective stimulation of
nerve fibres our results suggest that no intermediate fibre type exists
in the frog piriformis muscle as has been suggested for other frog
muscles (for reference see Peachey & Huxley 1962).
Supported by SFB 38 (Membranforschung)
Prof.Dr.H.Schmidt, I.Physiol.Institut der Universität, 665 Homburg/Saar

148

INTERVALL-CHARAKTERISTIK VON SPONTANENTLADUNGEN EINZELNER MUSKEL-
FASERN IM ELEKTROMYOGRAMM DES MENSCHEN (Interval characteristics
of spontaneous discharges in single muscle fibres in human EMG)

<u>B. Conrad, F. Sindermann und V.Prochazka</u>

Eine Computermethode wurde entwickelt zur simultanen Intervallanalyse (nach dem Prinzip der Formerkennung) von bis zu 4 verschiedenen repetitiven bioelektrischen Signalen in einer Ableitung. Die Intervallanalyse von 242 verschiedenen repetitiven De-
nervationspotentialen (Fibrillationspotentiale,"positive sharp
waves") einzelner Muskelfasern ergab:1.) Bei 137 Fibrillationspotentialen max.Entladungsfrequenz $6,3 \pm 0,5$ sec^{-1}; mittl.Diffe-
renz zwischen consecutiven Intervallen in 89% der Fälle unter 2%
(Minimum: 2‰); ausnahmslos stetige Auf-und Ab-Trends bei regelmäßiger Intervallfolge. 2.) Bei 1o5 "positive sharp waves" max.
Entladungsfrequenz $7,4 \pm 0,4$ sec^{-1}; mittl.Differenz zwischen consecutiven Intervallen in 87% der Fälle unter 2% (Minimum: 2,5‰);
Frequenzprofil wie bei Fibrillationspotentialen. Repetitiv entla-
dende Fibrillationspotentiale und "positive sharp waves" haben
also bei niedriger Entladungsfrequenz trotz stetiger Frequenzän-
derungen extrem niedrige consecutive Intervalldifferenzen. Zur
Erklärung der Kombination langsamer Frequenzänderung mit extrem
regelmäßiger Entladungsfolge wird vorgeschlagen: Generator-Po-
tential-ähnliche Veränderung des Membranpotentials und/oder pro-
longierte Schwellensenkung einerseits und konstante, pathologische Nachpotentiale der denervierten Faser andererseits.

Anschrift d.Verfasser: 79 Ulm,Abt. Neurologie der Universität

149

MECHANISMS OF ACTIVATING CONTRACTIONS OR RELAXATIONS IN
ISOLATED HELICAL STRIPS OF CORONARY ARTERY
(Mechanismen der Aktivierung von Kontraktion und Erschlaffung am iso-
lierten Spiralstreifen der Coronararterie)

U. Peiper, E. Schmidt

Similar to other preparations of vascular smooth muscle it is possible to induce in the coronary artery a contraction by depolarization in potassium-
rich solutions. After blockade of the adrenergic alpha-receptors (1.4 µg/ml
of phenoxybenzamine) the dose-response curve of potassium of the helical
strip of coronary artery of the hog shifted to the right, which could be
explained by a hyperpolarization of the membrane. The blockade of the adrenergic beta-receptors (6 µg/ml of propranolol) caused a considerable shift
of the dose-response curve to lower potassium concentrations (diminution of
the ED_{50} by more than 8 mM of potassium). This would be the result of a
depolarization of the membrane. - When the adrenergic alpha-receptors were
blocked, the noradrenaline-induced relaxation, which could be observed even
after graded depolarization, was enhanced, whereas after blockade of the
adrenergic beta-receptors a contraction by noradrenaline (4 µg/ml) was
evoked. The development of tension in response to depolarization was almost
prevented by 11 µg/ml of verapamil. The relaxation after activation the
beta-receptors could be induced in the depolarized preparation, too. - In the
resting preparation the activation of the adrenergic beta-receptors by noradrenaline or isoproterenol seems to be more effective than the inhibition of
the calcium influx by verapamil.

Prof. U. Peiper, Dept. of Physiol., D-87 Würzburg, Röntgenring 9

150

THE IMPORTANCE OF THE INITIAL STRETCH FOR THE ACTIVATION
OF THE ISOLATED VASCULAR SMOOTH MUSCLE
(Die Bedeutung der Vordehnung für die Aktivierung des isolierten Gefäß-
muskels)

E. Schmidt, U. Peiper

The actively developed tension of the vascular smooth muscle could be related to the concentration of intracellular released calcium ions. An increase
of this level of calcium is caused by different mechanisms after depolarization of the membrane or application of noradrenaline. The calcium influx
from the extracellular space is increased by the depolarization, whereas
noradrenaline activates calcium from intracellular stores. - Furthermore the
development of isometric tension is dependent on the initial stretch. A
different influence of the initial stretch on the efficiency of the two mechanisms of activation would lead to the conclusion that the distension of the
fibre already affects the mechanisms for releasing intracellular calcium. If
the influence were the same it would be possible to conclude that the initial
stretch would affect later steps within the activation mechanism. This could
be described, for example, with an increase of the number of interactions of
the contractile proteins caused by elevation of the stretch. - Experiments
about the relationship between stretch and contraction amplitude in helical
strips of aorta (rat), lienal artery (hog), and coronary artery (hog and cattle)
showed that the induced tension is mainly influenced by the distension of the
fibre independent of the kind of activation (depolarization, noradrenaline,
angiotensin).

Prof. U. Peiper, Dept. of Physiol., D - 87 Würzburg, Röntgenring 9

151

COMPETITIVE ANTAGONIZABLE EFFECTS OF CALCIUM ON THE ISOLATED
TAENIA COLI OF GUINEA-PIG
(Kompetitiv antagonisierbare Calcium-Wirkungen auf die isolierte
Taenia coli des Meerschweinchens)
<u>J. Riemer, C.-J. Mayer, G. Ulbrecht</u>

The interactions of Ca and the Ca-antagonistic compound iproveratril in the electrical and contractile events have been investigated by simultaneous i.c. and isometrical recording. The
S-shaped log [Ca]-contractile response curve obtained in isotonic K_2SO_4-Locke solution is shifted parallel by the drug to higher $[Ca]^4$. The relative affinities of the drug and Ca to the receptor are about 2000:1. In spontaneously active strips bathed
in Krebs-solution ([Ca]=2,5mM) the drug does not significantly
affect the membrane polarization. The slope of the prepotential
is decreased and the critical depolarization for spike generation
is increased, causing a decrease in spike frequency. Mechanical
tone is lowered and tetanus becomes incomplete finally being
changed into phasic twitch contractions. The type III slow potential changes (minute rhythm) are not affected but the spikes
appearing on the waves are reduced in frequency lowering the
amplitude of rhythmic contraction. The time course of the AP is
slowed symmetrically. These effects can also be antagonized by
excess Ca. The results indicate antagonism of competitive type
between Ca and iproveratril in regulating the pacemaker activity,
in controlling the permeability changes during the AP and in activating the contractile mechanism.

Dr. Jürgen Riemer, Physiologisches Institut der Universität
D-8000 München 2, Pettenkoferstr. 12

152

SELEKTIVE UNTERDRÜCKUNG EINZELNER KOMPONENTEN DER SPONTANAKTIVI-
TÄT GLATTER MUSKULATUR DURCH IPROVERATRIL (VERAPAMIL).
<u>E. Lammel, K. Golenhofen</u>
Iproveratril (Ipr.) blockiert am Herzmuskel und am glatten Mus-
kel die elektromechanische Koppelung (1,2) und hemmt am glatten
Muskel (Uterus) die Spontanaktivität (2). Zur näheren Prüfung
der Wirkung am glatten Muskel wurden an verschiedenen isolierten
Präparaten des Meerschweinchens Spannungsentwicklung und elektrische Aktivität (intrazellulär und extrazellulär) gemessen.
Aufbauend auf der Gliederung der Spontanrhythmik in Spikes,
Sekundenrhythmus (SR), basale organspezifische Rhythmik (BOR)
und Minutenrhythmik (MR)(3) ergibt sich: An Taenia coli und Portalvene werden Spikes und SR unterdrückt, an der Portalvene ferner der relativ schwache BOR dieses Gewebes (Ipr. 10^{-5} mol/l).
Der MR der Taenia coli scheint weniger empfindlich gegen Ipr. zu
sein. An Antrumpräparaten des Magens werden Spikes und SR unterdrückt, während die zum BOR gehörenden langsamen Schwankungen
des Membranpotentials (Magenperistaltik) gegen Ipr. resistent
sind. Beim Ureter werden die spikeähnlichen Oszillationen des
Aktionspotentials unterdrückt, die Plateaukomponente (BOR) bleibt
wie der BOR des Magens unbeeinflußt. Die Spannungsentwicklung
ist nach Unterdrückung der Spike-Komponenten weitgehend aufgehoben. Die Ähnlichkeit der Ipr.-Effekte mit denen eines Ca-
Entzugs deutet auf eine Ca-antagonistische Wirkung hin.
<u>Literatur:</u> (1) A. Fleckenstein et al., Klin.Wschr.<u>46</u>,343 (1968),
(2) A. Fleckenstein et al., Klin.Wschr.<u>49</u>,32 (1971),
(3) K. Golenhofen et al., Pflügers Arch.<u>319</u>,82 (1970).
Dr. E. Lammel, Physiologisches Institut, D-3550 Marburg/Lahn,
Deutschhausstr. 2

153

DIFFERENZIERTE EFFEKTE VON IPROVERATRIL AUF SPONTANAKTIVITÄT,
NORADRENALIN-INDUZIERTE UND KALIUM-INDUZIERTE KONTRAKTIONEN
DES GEFÄSSMUSKELS (ISOLIERTE PORTALVENE DES MEERSCHWEINCHENS)
N. Hermstein, K. Golenhofen, E. Lammel

Noradrenalin (NA) führt an der Muskulatur der Portalvene zu
einer Frequenzsteigerung der Spike-Entladungen und zu einer
Plateau-Depolarisation (1). Iproveratril (Ipr.) (10^{-5} mol/l) bewirkt eine Depolarisation von 10-20 mV (intrazelluläre Poten-
tialmessung) und blockiert die spontanen sowie die durch NA in-
duzierbaren Spike-Entladungen, während die NA-induzierte Plateau-Depolarisation bei verminderter Kraftentwicklung erhalten
bleibt. Die durch Kalium-Depolarisation induzierte Kontraktion
wird, wie bei der Aorten-Muskulatur (2), wesentlich stärker
durch Ipr. gehemmt als die NA-induzierte Kontraktion. An einem
unter Ipr.-Blockade Kalium-depolarisierten Muskel vermag NA
($5 \cdot 10^{-6}$) noch erhebliche Kontraktionen auszulösen. Folgerungen
hinsichtlich der Beziehungen zwischen elektrischen Erscheinun-
gen, Erhöhung der intrazellulären Ca-Konzentration und Kontraktion werden diskutiert.

Literatur: (1) D. v. Loh, Angiologica $\underline{8}$, 144 (1971); (2) U.
Peiper, Pflügers Arch. $\underline{330}$, 74 (1971).

Dr. N. Hermstein, Physiologisches Institut, D-3550 Marburg/Lahn,
Deutschhausstr. 2.

154

VERGLEICHENDE UNTERSUCHUNGEN ZUR URETERDYNAMIK VON RATTE,
MEERSCHWEINCHEN UND HUND
K. Golenhofen, J. Hannappel
Die Aktivität des Nierenbecken-Ureter-Systems wurde sowohl am
wachen Tier (elektrische Aktivität) als auch an isolierten Präparaten (elektrische und mechanische Aktivität) registriert.
Beim Meerschweinchen ist die Potenz zu spontaner Erregungsbil-
dung auf die proximalen Nierenbeckenanteile beschränkt, die
Uretermuskulatur ist unter normalen Bedingungen nicht spontan
aktiv und auch durch Adrenalin und Noradrenalin nicht zur Aktivität zu stimulieren. Beim Rattenureter, gleichfalls nicht
spontan aktiv, läßt sich dagegen leicht durch Adrenalin und
Noradrenalin Aktivität auslösen. Bei isolierten Ureterpräpara-
ten vom Hund wurde öfters auch spontane Aktivität gesehen, der
normale Schrittmacher der Ureter-Peristaltik liegt aber auch
hier im Nierenbecken. Die Normalfrequenz des Schrittmachers beträgt nach Messungen in situ beim Meerschweinchen 6-7/min und
deckt sich somit mit der Frequenz der Magenperistaltik. Infolge
eines Überleitungsblocks, der zum Normalbild der Ureterdynamik
gehört, kann die manifeste Frequenz der Ureterperistaltik niedriger liegen (ganzzahlige Periodenvervielfachung). Adrenalin
und Noradrenalin haben keinen oder nur einen sehr schwachen
Effekt auf die Schrittmacherfrequenz. Bei Ratte und Hund ist die
Frequenzvariabilität des Schrittmachers größer als beim Meerschweinchen und eine α-adrenerge stimulierende Wirkung stärker
ausgeprägt. Eine β-adrenerge inhibitorische Wirkung läßt sich
vor allem im distalen Abschnitt des Pyelo-Ureters nachweisen.
Prof.Dr. K. Golenhofen, Physiologisches Institut, D-3550 Mar-
burg/Lahn, Deutschhausstr. 2.

155

THE EFFECT OF TRAINING ON METABOLICALLY LINKED CHANGES OF BLOOD
COMPOSITION, RESPIRATORY AND CIRCULATORY FUNCTIONS
(Die Wirkung des Trainings auf metabolisch bedingte Veränderungen der Blutzusammensetzung, Atem- und Kreislauffunktionen)
U. Tibes, B. Hemmer, U. Schweigart, D. Böning

During graded exercise on a bicycle ergometer the Na^+ concentration in the femoral venous blood increased 1-2mval/l without considerable differences between trained and untrained subjects. Since 6-8% of water left the plasma, Na^+ is lost from the plasma together with water in less than isotonic concentration. The Ca^{++}, Mg^{++} and plasma protein concentrations in the femoral venous blood increased about 6-10% during work due to the hemoconcentration. In the trained group Mg^{++} and plasma protein showed significantly lower values than in the untrained subjects. The concentration of K^+, phosphate, H^+, the heart rate, the ventilation and the CO_2 output raised linearly with the work load. The increase was significantly steeper in the untrained than in the trained subjects although the O_2 uptake was nearly the same at equal work loads. The heart rate and the ventilation, however, increased in direct proportion to the concentrations of K^+, phosphate and H^+ in the plasma of femoral venous blood with the same relationship in the two groups. The differences in the plasma concentrations of K^+, phosphate and H^+ between trained and untrained subjects can be explained by different changes in the metabolic rate and different acid-base disturbances.

Dr. U. Tibes, Physiologisches Institut der Deutschen Sporthochschule Köln, D-5000 Köln 41, Carl-Diem-Weg

156

IN VIVO AND IN VITRO INVESTIGATIONS ON THE OXYGEN DISSOCIATION
CURVE OF BLOOD OF TRAINED AND UNTRAINED SUBJECTS DURING EXERCISE
(In vivo und in vitro Untersuchungen über die Sauerstoffbindungskurve des Blutes bei Trainierten und Untrainierten während Arbeit)
D. Böning, U. Schweigart, U. Tibes, B. Hemmer

Oxygen pressure and oxygen saturation in blood drawn from the femoral vein were measured during stepwise increased exercises on a bicycle ergometer. The trained subjects showed a pH independent shift to the right of the oxygen dissociation curve. Measurements of the half saturation pressure P_{50} were also made after in vitro equilibration. Under these conditions a slight significant shift to the right of the oxygen dissociation curve was found for trained and untrained subjects during exercise if P_{50} was calculated for the red cell pH. A higher P_{50} was discovered in the trained subjects at rest using both in vivo and in vitro methods. This is explained by a higher 2,3-diphosphoglycerate content in the red cells. The 2,3-DPG concentration in general remained unchanged during exercise but increased on the 24mkp/sec level (after 53min of work), which was reached only by the trained group. The cation and hemoglobin concentrations in the red cells remained constant throughout the experiments. The changes of the oxygen dissociation curve during exercise cannot be deduced from the results of these measurements. In addition the increase of P_{50} cannot be explained by the decrease of base excess and by changes of the pH difference between plasma and erythrocytes.

Dr. D. Böning, Physiologisches Institut der Deutschen Sporthochschule Köln, D-5000 Köln 41, Carl-Diem-Weg

157

CIRCADIAN VARIATIONS OF THE OXYGEN DISSOCIATION CURVE DURING
NORMAL PHYSICAL ACTIVITY AND REST
(Zirkadiane Veränderungen der Sauerstoffbindungskurve bei normaler körperlicher Aktivität und Ruhe)
U. Schweigart, D. Böning, M. Kunze

The oxygen tension at 50% O_2 saturation (P_{50}) of 9 non-smoking volunteers was calculated from the venous values of oxygen pressure and oxygen saturation in the course of 24 hours. During normal activity, but without exercise, the P_{50} was raised 1,6 Torr ($p < 0,01$) between 6 and 9 a.m. This could be confirmed in a second series with 6 volunteers as well in vivo as after in vitro equilibration of the blood. When the subjects (3rd series) remained in bed for the morning, the mean values of P_{50} did neither change in vivo nor in vitro. Corresponding to the increase of P_{50} in the 1st and 2nd series the 2,3-diphosphoglycerate was raised by 0,3 mmol/l erythrocytes ($p < 0,05$). No variations of 2,3-DPG occured in the 3rd series. A weak negative correlation existed between the sum of the cation concentrations in the erythrocytes and P_{50} after equilibration in the 2nd series. Systematic alterations to the hydrogen ion ratio between red cells and plasma, which may also influence P_{50}, did not exist in any series.

Mit Unterstützung durch die Deutsche Forschungsgemeinschaft
Bö 360/2

Dr. U.Schweigart, Physiologisches Institut der Deutschen Sporthochschule Köln, D-5000 Köln 41, Carl-Diem-Weg

158

TOTAL AND MYOCARDIAL O_2 CONSUMPTION DURING EXERCISE WITH EXPERIMENTAL BRADYCARDIA IN DOGS (O_2-Verbrauch des Herzens und Gesamttieres bei Belastung in Hunden mit experimenteller Bradykardie)
E. Bassenge, J. Holtz, W. von Restorff

Experiments were carried out in dogs running on a treadmill with implanted flow transducers and experimentally produced atrioventricular blockade. From atrial electrodes atrial activity was recorded and fed into a trigger unit, which delivered the stimuli for atrial triggered ventricular pacing with an experimentally simulated conduction time. Alternatively the ventricles were paced at any desired level with constant rates independent of atrial activity. Blood for O_2 determinations was obtained from catheters in the coronary sinus, pulmonary artery and aorta. - During moderate treadmill exercise (6 km/hr, 15% grade), which was covered during atrial triggered ventricular pacing with a heart rate of 200/min, bradycardia with a fixed heart rate of 90 per min resulted in a decrease of cardiac output of 35%, in a fall in pulmonary blood O_2 saturation from 40% to 23% and in an unaltered O_2 consumption, whereas myocardial O_2 consumption (MVO_2) per external heart work increased by 65%. Similarly tachycardia (280/min) caused decreased cardiac output, unaltered O_2 consumption and increased MVO_2. Results indicate that ventricular performance at a given level of exercise is optimal in regard to myocardial energy demands only in the physiologically adjusted range of heart rates.

PD Dr. E. Bassenge, Dr. J. Holtz, Dr.W. von Restorff, Physiol. Institut der Universität, D-8000 München 2, Pettenkoferstr. 12

159

DER EINFLUSS GESTEIGERTEN LAUFBANDTRAININGS AUF DIE ENTWICKLUNG VON
KORONARKOLLATERALEN UND DIE MORTALITÄT NACH AKUTER KORONARLIGATUR
BEI HUNDEN. <u>L.Amann,W.Meesmann,G.Schley,F.W.Schulz,K.Stephan,J.Tüt-
temann u.A.Wilde</u>
29 mischrassige Hunde wurden während 10-14 Wochen tägl.durchschnttl.
2x20 Min.(19 Tiere bei durchschnttl.13 km/h u.10% Steigung,10 Tiere
bei durchschnttl.16 km/h u.40% Steigung) auf einem Laufband trai-
niert. Die Herzen der Tiere wurden 24 Std. post mortem selektiv ko-
ronarangiographiert und danach das Ausmaß der Funktion der Kollate-
ralen(Koll.)in 5 Stadien eingeteilt. Bei den funktionsfähigen Koll.
(Stad.IV u.V) wurde die akute Ligatur des R.circumflexus der linken
Kranzarterie(r.c.)in 96% überlebt(Meesmann u.a.,Z.ges.exp.Med.<u>153</u>,
246(1970)). Unter insgesamt 258 mischrassigen Kontrollhunden hatten
39% funktionell wirksame Spontankoll.(Stad.IV u.V). Nur bei 5 der
19(=26%)u.2 der 10(=20%),also 7 der insges.29 trainierten Tiere
(=24%)ließen sich funktionsfähige Koll. nachweisen. Es besteht kein
eindeutiger Unterschied zu den Kontrollhunden.- Bei allen 29 Trai-
ningshunden und einem Kontrollkollektiv(KK)(46 nichttrainierte Tiere) wurde der r.c. akut unterbunden und die überlebenden Tiere 10
Std. kontrolliert. Sowohl im Trainings- als auch im KK verstarben
alle Tiere mit dem Koll.-Stad. O u.I(keine oder nur mit geringem
Ausmaß nachweisbare Koll.) und überlebten alle Tiere (bis auf 1 Tier
im KK) mit den Koll.-Stad.IV u.V. Alle 8 Kontrolltiere mit mässig
ausgebildeten Koll.(Stad.II u.III) starben im Kammerflimmern, hin-
gegen 8 der 16 trainierten Tiere mit gleichen Koll. die Ligatur
überlebten.

Prof.Dr.W.Meesmann, Institut f.Patho-Physiologie am Klinikum Essen,
D-43 Essen, Hufelandstr.55

160

DIE ORTHOSTATISCHE KREISLAUFREGULATION BEI JUGENDLICHEN
SPORTLERN
<u>H.Rieckert</u>
Die Regelgröße arterieller Blutdruck wird in der Kreislaufre-
gulation vom Blutvolumen,von der Herzdynamik und dem peripheren
Widerstand bestimmt.Diese drei Parameter ändern sich durch ein
Leistungstraining beträchtlich,so daß sich die Adaptationsvor-
gänge während einer orthostatischen Belastung verschieben.
An Jugendlichen zwischen 14 und 15 Jahren,die in einem Schwimmverein ein Leistungstraining absolvieren und an Schülern,die
im Rahmen eines normalen Schulunterrichtes wöchentlich 2 und
6 Sportstunden erhielten,wurde die Kreislaufregulation mit dem
Hocktest nach Barbey und Brecht sowie dem Schellongschen Steh-
versuch in der Früh-und Spätphase der Orthostase untersucht.
Die Jugendlichen aus dem Schwimmverein,deren Herzvolumen gegenüber den Schülern um ca.200 ccm höher liegt,zeigten ein signifikant besseres Regulationsvermögen.Dieser Befund wird im
Hinblick auf das erhöhte Blutvolumen,endsystolische Herzvolumen
und den höheren peripheren Widerstand beim Aufrichten disku-
tiert.Der arterielle Einstrom in die untere Extremität liegt
beim Aufstehen mit 4,4 ml/min·100 ml WTG und die venöse Kapa-
zität mit 1,8 ml/100 ml WTG im Mittel niedriger als bei untrainierten Vergleichspersonen.

Priv.Doz.Dr.Hans Rieckert,Abteilung Physiologie der Universität
Ulm,D-79 Ulm,oberer Eselsberg Postfach 1130

161

HERZVOLUMEN UND HERZMINUTENVOLUMENQUOTIENT Q_{Vm} UNTER ABGESTUFTER
ERGOMETERBELASTUNG BEI VERSCHIEDENEN TRAININGSZUSTÄNDEN.
<u>M. Graubner</u>

In früheren Versuchen hatte sich gezeigt, daß der Q_{Vm}-Wert von Belastung und Trainingszustand abhängt [W. Blasius: Arch. f. Kreisl.
forschg. <u>12</u>, 48 (1943); Klin. Wschr. <u>27</u>, 84 (1949)] . An 33 männlichen Vp., nach Art, Umfang und Härte ihres körperlichen Trainings in 3 Gruppen eingeteilt, konnte bei abgestufter Ergometerbelastung (O-200 W; Dauer 2 min) festgestellt werden, daß die Voll-
trainierten den geringsten, die Wenigtrainierten einen stärkeren
und die Untrainierten den stärksten Anstieg der Q_{Vm}-Werte aufwie-
sen. Das gleichzeitig röntgenologisch bestimmte, systolische Herzvolumen als wichtiges morphologisches Leistungsmaß [(K. Musshoff,
H. Reindell: Dtsch. med. Wschr. <u>8</u>, 1001 (1956)] wurde mit dem Q_{Vm}-
Wert in Beziehung gesetzt: ein großes Herzvolumen war mit einem
kleinen und ein kleines Herzvolumen mit einem großen Q_{Vm}-Wert korreliert. Diese Korrelation erklärt den nach Trainingszustand verschieden starken Q_{Vm}-Anstieg unter Belastung, den besonders ausgeprägten Anstieg der Q_{Vm}-Werte Wenig- und Untrainierter beim Übergang von Ruhe zu einer Belastung von 50 Watt, das leichte Absinken
der Q_{Vm}-Werte mit steigendem Körpergewicht und den bei Jugendlichen grundsätzlich höheren Q_{Vm}-Wert. In der Bestimmung des Q_{Vm}-
Wertes ist daher eine weitere, relativ einfache Methode mit hoher
Aussagekraft zur Beurteilung des Trainingszustandes gegeben [M.
Graubner und K. Keitel: Unveröffentlichte Ergebnisse (1972)] .

<u>M. Graubner</u>, Abt. f. Angew. Physiolog. der Univ., 63 Gießen,
Friedrichstraße 24

162

VERHALTEN DES T-INTEGRALVEKTORS IM EXTREMITÄTEN-EKG NACH EINTHOVEN
UND IM BRUSTWAND-EKG NACH BLASIUS BEI UNTERSCHIEDLICHEN TRAININGS-
ZUSTÄNDEN WÄHREND STEIGENDER ERGOMETERBELASTUNG. <u>K. Keitel</u>

An 33 männlichen Versuchspersonen, die nach Art, Umfang und Härte
ihres körperlichen Trainings in drei Gruppen eingeteilt waren,
wurden bei abgestufter Ergometerbelastung (O-200 W; Dauer 2 min)
außer systolischem Herzvolumen und physikalischen Kreislaufgrößen
die Ableitungen des Extremitäten- und Brustwand-EKG registriert
[W. Blasius: Pflügers Arch. <u>261</u>, 1 (1955); W. Blasius u. R. Rep-
ges: Pflügers Arch. <u>261</u>, 8 (1955)]. Dabei zeigte sich je nach
Trainingsgrad eine unterschiedlich ausgeprägte Abnahme des T-Vek-
tors in Frontal- und Horizontalebene und zwar in der Weise, daß
die Größe des Vektors um so mehr abnahm, je höher sie unter Ruhe-
bedingungen lag. Es ergaben sich eindeutige, trainingsbedingte
Unterschiede im Verhalten des T-Integralvektors. Diese Kriterien
eröffnen neue Möglichkeiten zur Beurteilung des Trainingszustandes mit verhältnismäßig einfacher Methodik und hoher Aussagekraft
[M. Graubner und K. Keitel : Unveröffentlichte Ergebnisse (1972)].

<u>K. Keitel</u>, Abteilung f. Angew. Physiologie der Universität,
63 Gießen, Friedrichstraße 24

163

VARIATIONS OF PHYSIOLOGICAL PARAMETERS DURING DEFINED MENTAL
LOAD AND REST (Veränderungen physiologischer Meßgrößen während
definierter Arbeits- und Ruhesituationen)
K.-P.Klinger, H.Strasser

Experiments were done under different conditions whereby working
and rest phases periodically varied. The EEG for obtaining evoked potentials, the EKG and tracking performance were recorded
and evaluated. The trials of two hours duration were undertaken
with 10 young healthy male subjects and repeated on four different days. On the first hand the acoustical stimuli for getting
the evoked potentials were produced contingent on motor skill behaviour when exceeding a certain digital error score, on the second hand they were applicated non-contingently by a tape recor-
der. The most essential results are:
1. The amplitude of the evoked potential changes with the required analysis time and corresponding to the permutation of
   the trial condition.
2. Non-contingent stimuli produce a larger amplitude of the evoked potential during working phases as well as while resting.
3. A measurement of the arhythmia deriving from the irregularity
   of the beat-by-beat heart rate shows a constant alteration
   between working and resting periods.
4. With regard to all parameters correlated changes with fatigue
   are present within a trial and learning effects can be observed from day to day.

Dipl.-Ing. K.-P.Klinger, Institut für Arbeitsphysiologie der
Technischen Universität München, D-8000 München 13, Barbarastr.16

164

EFFECTS OF NOISE, TRANQUILLIZER AND INCREASED DELAY TIME ON
TRACKING PERFORMANCE AND HEART RATE. (Die Auswirkungen von Lärm,
einem Tranquillizer und erschwerter Arbeitsbedingung auf eine
Trackingleistung und die Herzfrequenz). H.Strasser

Four learning sessions proceeded the trials in which 10 young
healthy male subjects were examined. Controlled single-blind
trials, designed in form of change-over, were undertaken to investigate the effects of noise of about 80 dB and increased delay time on tracking performance and heart rate behaviour both
under the influence of placebo and an oral dosage of 20 mg Oxazepam. It was found that the stressor noise did not affect test
performance systematically but heart rate, general significantly
falling within test time of 3 hours duration was superimposed by
significant noise-reactive elevations. Tranquillizing effects of
Oxazepam became apparent in depressions of mean heart rate values
but it was not possible to point out statistical evident differences. Probably as a result of relaxing influences there were no
significant noise-conditioned superimpositions of heart rate to
be seen after drug administration. In consequence of sedating
effects due to Oxazepam by which spare mental capacity likely had
been diminished, increasing and temporally evolving significant
impairment of tracking skills could be demonstrated. Initially
after introducing of increased effective time delay performance
decrements were relative more comprehensive under placebo than
under psychotropic drug medication. Hereafter, the sedative drug
effects however predominated the natural learning process.

Dipl.-Ing.H.Strasser, Institut für Arbeitsphysiologie der Technischen Universität München, 8000 München 13, Barbarastraße 16

165

ACCOMMODATION AND Na-INACTIVATION IN CAT SPINAL MOTONEU-
RONES.
(Akkommodation und Na-Inaktivierung spinaler Motoneurone der Katze).
W.R. Schlue, D.W. Richter, K.-H. Mauritz, A.C. Nacimiento
Spinal motoneurones and the intramedullary portion of motor axons were stimulated intracellularly with linear current ramps in anaesthetized spinal cats.
Latency and the maximal rate of rise ($\dot{V}$) of action potentials were measured
at different current slopes and minimal current gradients (m. c. g., rheoba-
ses/sec) ascertained. In accommodating motoneurones (m. c. g. 1, 5-2, 0) and
motor axons (m. c. g. 3-61) it was found that $\dot{V}$-values decreased steadily with
decreasing current slopes. This effect was absent in non accommodating motoneurones (m. c. g. < 1, 2). Since the intensity of the Na inward current de-
termines $\dot{V}$ (Hodgkin a. Katz, J. Physiol. (1949) 108, 37), a decrease of $\dot{V}$ re-
flects an inactivation of Na-permeability. The course of inactivation was analyzed by plotting $\dot{V}$ against threshold current for impulse initiation at various
rates of rise. Membrane input resistance remained unchanged. Comparable
measurements were made with action potentials triggered by short pulses in
the wake of conditioning current steps. Both curves showed a similar shape.
For accommodating motoneurones and motor axons the slopes of both curves
were steeper than for non accommodating motoneurones. The results suggest
that the degree of Na-inactivation plays a role in determining accommodation
properties of motoneurones and motor axons.
(Supported by the SFB 38 "Membranforschung").

Dr. W.R. Schlue, I. Physiologisches Institut der Universität des Saarlandes,
D-665 Homburg-Saar.

166

REPETITIVE FIRING OF SPINAL PHASIC MOTONEURONES OF THE CAT.
(Repetitive Entladung spinaler phasischer Motoneurone der Katze).
D.W. Richter, W.R. Schlue, K.-H. Mauritz, A.C. Nacimiento
The repetitive response of phasic motoneurones and of the intramedullary
portion of their axons to intracellular current steps was studied in anaesthetized spinal cats. In the cell body stimulation evoked a steady discharge, and
in the axon only an initial burst of 6-8 spikes. The current-steady state frequency relation was linear for intrasomatic stimulation (Granit et al., J. Physiol. (1963), 168, 911). For the first 6-7 spikes this linear relation shifted
to a logarithmic one at current strengths of 2-7 X rheobase. The linear frequency range for the first spike interval extended from 21 ± 7 Hz (S. D.)
-45 $\pm$ 13 Hz in the primary range to 45 ± 13 Hz - 150 ± 30 Hz in the secondary
range. The logarithmic relation started after an abrupt increase in frequency and ranged from 200 ± 36 Hz to 436 ± 59 Hz. The current-frequency relation to axonal stimulation was logarithmic. The logarithmic frequency range
for the first spike interval followed a closely similar course for both axonal
and somatic stimulation. Measurements of passive membrane time constants
with different methods and of conditioning-testing experiments with current
pulses suggested that the logarithmic frequency response to cell body stimulation may be accounted for by a shift of the site of spike generation from
the initial segment to the first node of Ranvier.
(Supported by the SFB 38 "Membranforschung").

Dr. D.W. Richter, I. Physiologisches Institut der Universität des Saar -
landes, D-665 Homburg-Saar.

167

THE INTERACTION OF SEGMENTAL AND CENTRAL INPUTS ON SINGLE HUMAN
ALPHA MOTOR NEURONES.
(Supranukleäre und segmentale Interaktion an Alpha-Motoneuronen des
Menschen).
H. Kranz, Cs. Adorjani.

The reflex effect of cutaneous input, on tonically firing alpha
motor neurones of hand muscle, forearm flexor and extensor was
examined to study the interaction at the motor neurone level,bet-
ween segmental and central inputs.
Analysis shows two main effects of cutaneous stimulation. The first
is directly consequent to the stimulus, and is thought to represent the classical spinal reflex between cutaneous afferents and
the motor neurone. This interaction depends on: (1) the particular
spinal motor neurone pool examined, (2) the site and strength of
stimulation, (3) the timing of afferent input in relation to the
excitation cycle of the motor neurone, and (4) the level of central
input to the motor neurone. An attempt was made to correlate the
effect with the size of the alpha motor neurone.
The second effect is a stimulus locked non-stationarity in motor
neurone firing, that develops in response to a regularly presented
stimulus. It may take different forms, the most constant being:
(1) a decrease in discharge frequency in a period preceeding and
following a stimulus, and (2) a decrease of discharge frequency in
a period mid-way between stimuli. This effect usually develops towards the end of a train of stimuli, and is more evident in some
subjects, making its appearance unpredictable.
H. Kranz, Department of Neurology, Kantonsspital, Zürich

168

Entladungsmuster einzeln abgeleiteter Renshaw-Zellen v$_\text{o}$r und nach Decerebrierung und unter der Wirkung des Antispastikums Lioresal[R]
R. Benecke, C. Hellweg u. J. Meyer-Lohmann

Neuerdings wird diskutiert, daß eine Drosselung der recurrenten Hemmung als
pathophysiologischer Faktor für die Genese der Decerebrierungsspastizität in-
frage kommt (Haase et al., Pflügers Arch. 331, 148-158, 1969). Wir haben anhand
von Mikroableitungen einzelner Renshawzell-(RZ)-Entladungen (spontan und bei
antidromer Testreizung) u.a. an deafferentierten Katzen in konstant gehaltener
Anaesthesie 2 Aspekte des Fragenkomplexes geprüft:
A) Verhalten der RZ-Entladungsmuster vor und nach prä- und intercolliculärer
Decerebrierung; B) Verhalten der RZ nach Gabe eines gegenüber spinalen Spasti-
zitätsformen besonders wirksamen Pharmakons (Lioresal[R]).
Ergebnisse: Zu A): Keine deutlichen Änderungen der RZ-Aktivität nach Decerebrierung, weder bei prä- noch bei intercolliculärer Schnittführung. Zu B): Starke,
rasch einsetzende Aktivitätssteigerung der RZ nach 5-20 mg/kg Lioresal i.v.,
Überdauerung des Effektes für mehere Stunden.
Folgerungen: 1. Die von der Gruppe Haase festgestellte Drosselung der antidro-
men Hemmbarkeit von α-Motoneuronen bei der Decerebrierungsspastizität scheint
nicht auf einer Aktivitätsminderung der RZ selbst zu beruhen. Offenbar sind die
aus anderen Gründen enthemmten Motoneurone für den antidrom-recurrenten Hemm-
Mechanismus schwerer angreifbar geworden.
2. Der antispastische Effekte von Lioresal[R] kann - neben anderen Faktoren - auf
einer Steigerung der normalen RZ-Aktivität und der durch sie bewirkten recurrenten Hemmung der Motoneurone beruhen. Der RZ-Mechanismus dürfte demnach zwar
keine kausale, wohl aber eine therapeutisch nutzbare Rolle bei Spastizitäts-
zuständen nach Art der Decerebrierungsstarre spielen.

Physiologisches Insitut der Universität, Lehrstuhl II, D-3400 Göttingen,
Humboldtallee 7

169

INFLUENCE OF MUSCLE VIBRATION ON CEREBELLAR PURKYNE CELLS.
M.J. Rowe, K. Ishikawa and S. Kawaguchi.

Small amplitudes (<50-60 µ) of longitudinal vibration or stretch
of muscles are known to selectively activate the Group Ia
afferent fibres (Lundberg and Winsbury, 1960; Brown, Engberg and
Matthews, 1967; Stuart, Mosher, Gerlach and Reinking, 1970). In
the present study the effects of muscle vibration on the activity
of 342 Purkyně cells in the ipsilateral anterior lobe of the
cerebellum were investigated in decerebrate cats. The investigation was made for three different muscle groups: in the hindlimb, the anterior tibial group (extensor digitorum longus,
peroneus longus, brevis and tertius, and tibialis anterior) and
gastrocnemicus-soleus; and in the forelimb, the extensor digitorum lateralis and communis muscles. Purkyne cell responses
were mediated by both the mossy fibre and climbing fibre inputs.
The mossy fibre induced responses were generally inhibitory and
had latencies only a few msec longer than responses evoked by
stimulation of the nerve supplying the muscle. In contrast, the
latencies of responses mediated by the climbing fibres were long
and variable. It was found that only approximately 10% of the
Purkyně cells which responded to muscle vibration (150 cps) had
evidence of a Group Ia contribution to their responses; however,
the results suggest an important contribution to these responses
from the Group II muscle afferent fibres.

Department of Physiology, School of Medicine, State University
of New York at Buffalo, Buffalo, New York 14214.

170

Variation of discharge pattern following cerebellar and thalamic (VL)
lesions in man.
(Das Innervationsmuster bei cerebellären und thalamischen Läsionen (VL)
beim Menschen)
D. Burg, A. Struppler

In order to analyze the cerebellar influences on fusimotor activity via
the corticospinal tract we investigated the modifying influences of
stretch and unloading on tonic innervation in 3 patients with unilateral
cerebellar lesions and 3 patients with unilateral lesions in the poste-
rior part of the VL which mediates cerebellocortical impulses. All 6
showed clinical signs of slight hypotonia and normal stretch reflexes.
The unloading reflex predominantly being due to cessation of Ia spindle
afferents facilitating motoneurons was tested on the normal and
affected side simultaneously. In cerebellar as well as in VL lesions
the silent period produced by unloading of the voluntarily contracted
muscle is clearly reduced in duration. Some motoneurons continue firing
during unloading whereas others may only slightly decrease their discharges. The same phenomenon was observed in the period following the
normal phasic stretch reflex. The results reflect a reduction of Ia
facilitation in voluntary innervation, which is substituted by direct
suprasegmental alpha drive in cerebellar and VL lesions. They give
further evidence in man that descending fusimotor activity receives
an important facilitatory drive from the neocerebellum via the ascending pathway to the cerebral cortex.

Prof. Dr. A. Struppler, Dr. D. Burg, Neurologische Klinik der
Technischen Universität 8 München 80, Möhlstraße 28

171

PROJECTION OF GROUP I MUSCLE AFFERENTS TO THE POSTCENTRAL GYRUS
OF THE RHESUS MONKEY. (Projektion von Group I Muskelafferenzen
zum Gyrus postcentralis des Rhesusaffen).

L. Deecke[++], D.W.F. Schwarz[+], and J.M. Fredrickson[+]

Field potentials in the Rhesus' SI cortex, positive on the surface,
negative in middle cortical layers, were recorded under Nembutal
following electrical stimulation of forelimb and hindlimb muscle
nerves. Stimulus intensities were just above group I threshold,
sometimes below muscle twitch, and well below group II threshold,
as judged by neurogram recording on the proximal peripheral nerve
or dorsal root. The cortical representation corresponds to the
somatotopical pattern of SI: arm muscles project to the convexity
of the gyrus rostral to the lower intraparietal sulcus (latency
about 8 msec); leg muscles project to the depth of the postcentral
sulcus and the rostrally adjacent part of the gyrus (latency about
12 msec). In both sites areas 1 and 2 border on each other; whether
the representation belongs to area 1 and/or 2 cannot yet be de-
cided. Extracellular spikes were frequently recorded on top of the
negative peak. The corresponding neurons were strongly activated
by i.a. injection of succinylcholine to the muscle which was
distally separated from the bone. - This data suggests a representation of group I muscle afferents in areas 1 and/or 2 of the
simian cortex in addition to the one found in area 3a. The possibility of Pacinian afferents will be discussed.

[+] Dpts. Otolaryngology & Physiology, University of Toronto, Canada
[++] Abteilung Neurologie, Universität Ulm, Germany

172

HEMMUNG VON HIRNSTAMMNEURONEN DURCH HISTAMIN UND METABOLITEN
H.L. Haas, L. Hösli und E.G. Anderson

Die Wirkung von Histamin und einigen Metaboliten wurde an spontan aktiven
Neuronen in der Medulla oblongata der nicht narkotisierten, decerebrierten
Katze untersucht. Die gelösten Substanzen wurden mit Hilfe von 6-fachen Mikroelektroden (Spitzendurchmesser 3-6 µ) mikroelektrophoretisch in die unmittel-
bare Umgebung der Neurone verabreicht.
Imidazolessigsäure (IAA), Histidin und Histamin bewirkten an der Mehrzahl der
untersuchten Zellen eine Hemmung der Entladungsfrequenz, wobei IAA meistens
wirksamer war als die beiden anderen Substanzen (Hösli L. und Haas H.L.,
Experientia 27: 1311, 1971). Die beiden Kataboliten, 1,4-Methylimidazolessig-
säure und 1,4-Methylhistamin, führten ebenfalls zu einer Hemmung der Spontanaktivität der Hirnstammneurone, waren aber meistens weniger wirksam als Histamin und IAA. Ein Vergleich der Wirkung von IAA und GABA am gleichen Neuron
zeigte, dass IAA eine ähnliche Hemmwirkung wie GABA erzeugt. Die durch IAA erzeugte Hemmung wurde in reversibler Weise durch Bicucullin (GABA-Antagonist)
jedoch nicht durch Strychnin blockiert. Aus vorläufigen Untersuchungen mit
intrazellulären Ableitungen geht hervor, dass die hemmende Wirkung von IAA von
einer Membranhyperpolarisation begleitet ist. Diese Untersuchungen liefern
einige Hinweise, welche uns vermuten lassen, dass IAA die Funktion einer
hemmenden Ueberträgersubstanz im Hirnstamm haben könnte.

Abteilung für Neurophysiologie, Neurologische Universitätsklinik, Socinstrasse
55, CH-4051 Basel.

173

KORRELATION VON HYPOPHYSÄRER GONADOTROPINAUSSCHÜTTUNG MIT NERVEN-
ZELLAKTIVITÄT IN DER MEDIALEN PRÄOPTISCHEN REGION
W. Wuttke, D. Michael
Mit Wolframdrahtmikroelektroden wurden Einzelaktivität und Summenpotentiale aus der medialen präoptischen Region (MPO) an Urethan
sedierten, weiblichen Ratten am Tage des Prooestrus abgeleitet. Das
corticale EEG wurde simultan registriert. Zwischen 13.30 und
17.00 Uhr nahm die Summenpotentialaktivität (SPA) zunächst ab, um
dann für 20-60 min anzusteigen. Während dieser Zeit stieg der LH-
Spiegel im Serum stark an, während die Serum-Prolaktin-Werte schon
früher ansteigende Tendenz zeigten. Beide Hormone wurden radio-
immunologisch bestimmt. Mechanische Reizung der cervix uteri in
der folgenden Nacht bewirkte erhöhte SPA für 10-20 min und anschließend verminderte SPA für 5-25 min. Einzelaktivität nach cervicaler
Reizung zeigte bei der Mehrzahl der Neurone erhöhte Entladungs-
raten. Nur wenige Neurone reagierten spezifisch auf genitale Reizung. Sie waren sowohl durch somatosensorische wie olfaktorische
Reize beeinflußbar. Änderung der neuronalen Aktivität am Nachmit-
tag des prooestrus Tages und nach cervicaler Reizung könnte ein
Korrelat zur ovulationsauslösenden LH-Ausschüttung und zu den erhöhten Serum-Gonadotropinwerten nach dem Koitus darstellen.

MPI für Biophysikalische Chemie, 34 Göttingen-Nikolausberg,
Am Faßberg

174

DURCH ELEKTRISCHE REIZUNGEN IM CAUDATUM UND PUTAMEN HERVORGERUFENE
FELD-POTENTIALE DER NIGRA BEI SAIMIRI
A. Wagner, W. Winkelmüller

Bei narkotisierten Saimiri wurden mit konzentrischen Elektroden
das Caudatum bzw. Putamen elektrisch gereizt und die Reizantworten
der Nigra mit Mikroelektrodentechnik in o.5 mm Stufen registriert.
Die extrazellulären Summenpotentiale der Nigra-Zellen auf Caudatumreizung bestehen aus einer wahrscheinlich präsynaptischen positiv - negativen Welle von 8 bzw. 10 msec Latenz, gefolgt von einem positiv - negativen Potential mit 20 bzw. 50 msec Latenz (in
60% der Fälle). Diese Gipfellatenzen sind bei Ableitungen in medialen oder lateralen Nigra-Abschnitten annähernd gleich; die Amplituden der Potentiale reduzieren sich dagegen um etwa 50% in den
lateralen Anteilen. Im Grenzgebiet der pars compacta und reticula-
ta zeigt sich in 20% der Experimente ein zweigipfliges positives
Potential; die extrazellulär registrierten Spontanentladungen sind
während der positiven Potentiale blockiert. An der Grenze zwischen
Nigra und Pedunculus werden die Potentiale kleiner. Auf Reizung
im Putamen sind die Gipfellatenzen der Potentiale größer als auf
Caudatumreizung.

Dr. A. Wagner, Max-Planck-Institut für Hirnforschung, Neurobiologische Abteilung, D-6 Ffm.-Niederrad, Deutschordenstr. 46

AUTO- AND CROSSCORRELATION ANALYSIS OF THE SPONTANEOUS ACTIVITY
OF SINGLE UNITS IN THE CAT'S SENSORIMOTOR CORTEX
(Auto- und Crosskorrelationen spontaner Entladungen von Neuronen
im sensomotorischen Cortex der Katze). H.O. Handwerker.
Spontaneous spike activity in the sensorimotor cortex was investigated statistically by means of a digital computer (PDP-12)
(Wyss and Handwerker, Computer Progr. Biomed. $\underline{1}$,2o9, 1971). 7o
pairs of units were recorded under chloralose anaesthesia either
with a single micropipette or with two micropipettes driven in-
dependently. Autocorrelation studies revealed rhythmic behaviour
in 1o% of the units (preferred intervals 5 - 8 Hz). The main peak
in the crosscorrelation histograms of most pairs of units indicated synchroneous activation. It could be shown that the probabili-
ty of a positive correlation was inversely proportional to the
distance between two units. However there was or significant dependence of the height of correlation peak from the distance
between the units. The degree of crosscorrelation was highest in
those units exhibiting discharges which were grouped in bursts and
the correlation was essentially due to the intervals between the
bursts. It could be excluded that the synchroneous bursts were
produced by specific sensory input. The possible origin of the
bursts and of the synchroneous activity was discussed.

+ Supported by the Schweizer Nationalfonds

Institut für Hirnforschung der Universität Zürich
present address: II. Physiologisches Institut der Universität
D-69oo Heidelberg, BergheimerStrasse 147

MESSUNG EXTRAZELLULÄRER K^+- ANREICHERUNG WÄHREND EINES VOLTAGE-
CLAMP-PULSES   E. Neher, H.D. Lux

In letzter Zeit wurden mehrfach Mikroelektroden beschrieben, die
in der Lage sind, K^+-Konzentrationen in Elektrolyten zu bestimmen
(z.B. Walker, J.L. in Hebert N.C., Ed. Ion Selective Microelectrodes). Diese Elektroden haben Spitzendurchmesser zwischen
1µ und 5µ, und Widerstände zwischen 1GΩ und 100GΩ. Sie erlangen
ihre K^+-Sensitivität durch eine etwa 100-500µ lange Säule von
flüssigem Ionenaustauscher in der Spitze. Es gelang uns, durch
Kombination dieser Technik mit einem speziell konstruierten Vor-
verstärker die Ansprechzeit der Elektroden auf wenige msec zu
drücken. Damit können schnelle Vorgänge wie z.B. die Anreicherung
mit K^+ in der Umgebung einer Nervenzelle während eines depolarisierenden Voltage-Clamp-Pulses gemessen werden. Als Präparat
dienten Ganglienzellen der Schnecke Helix pom. Stark depolarisie-
rende Clamppulse bewirkten ein Signal von etwa 3-5mV (Konzentra-
tionsänderung von .5-1mM) während sich gleichzeitig das K-Gleich-
gewichtspotential der Voltage-Clamp-Ströme um 20-25mV verschob.
Der Zeitverlauf des extrazellulären Signals war im Anstieg gegenüber der V_K-Verschiebung stark verlangsamt. Letztere besitzt
einen aus zwei Komponenten bestehenden Abfall wobei die langsamere
Komponente ungefähr mit dem extrazellulär gemessenen Rückgang der
Konzentration nach einem Clamppuls korrespondiert.

Dr. E. Neher und Dr. H.D. Lux, Max-Planck-Institut für Psychiatrie
8000 München 23, Kraepelinstr. 2

177

K$^+$- ACTIVITY DETERMINATIONS IN CAT CORTEX
(K$^+$- Aktivitätsbestimmungen im Cortex der Katze)
H.D. Lux, E. Neher, D. Prince

We measured intracortical K$^+$ activity with fast responding ion
exchange microelectrodes connected in parallel with a NaCl
reference micropipette. The steady state K$^+$ activity found is
remarkebly low (3 to 5mM) thus representing nearly extracellular
activity. K$^+$ activity after cortical stimulation by single
volleys developes a delayed increase (rise time 150 to 300 msec).
K$^+$ decay time constants are 1 to 6 sec. and show an increase with
repetitive activation and with increased steady state K$^+$ activity.
K$^+$ response maxima up to 6mM are closely related with the degree
of neuronal activation. K$^+$ activity shows an interesting threshold phenomenon during highly synchronous cortical discharges
i.e. during paroxysmal neuronal depolarisation shifts (PDS).
Discharge amplitude after repetitive stimulation as well as K$^+$
activity increase settle for a steady state level of 10 to 18 mM
which shows a slow but small decrease over minutes. These observations strongly suggest the occurrence of depolarizing K$^+$ inactivation in cortex neurons. The K$^+$ threshold can be surpassed
only by measures which elicite spreading depression (SD). SD
shows considerable extracellular K$^+$ amplitude increases up to
80mM, but developes and returns with slower time courses than
seen in the intact stimulated cortex or during paroxysmal
activity.
Dr. H.D. Lux, Dr. E. Neher und Prof. D. Prince, Max-Planck-
Institut für Psychiatrie 8000 München 23, Kraepelinstr. 2

178

IONS AND THE ELECTRICAL ACTIVITY OF THE RAT CEREBRAL CORTEX
(Ionen und die elektrische Aktivität der Großhirnrinde der Ratte)
G.E.K. Novotny

The sodium and chloride content of the rat cerebral cortex was
altered by irrigating the surface of the cortex with isotonic solutions containing sodium chloride and various proportions of
sucrose, sodium methyl sulphate or choline chloride. With sucrose
or sodium methyl sulphate the evoked response, recorded from 500
µm within the cortex, increased in amplitude by up to 250%. The
amplitude of the evoked response was inversely related to the
amount of chloride in the solution. Duration and latency of the
evoked response were not affected. The effect was confined to
the irrigated hemisphere. Reduction of the sodium concentration
had no effect. Evoked unit activity was increased by lack of
chloride and decreased by lack of sodium ions, but spontaneous
unit activity was not systematically changed. None of the observed effects outlasted the imposed ionic shift; there were no af-
ter-effects. Experiments using nitrate, sulphate and bicarbonate
indicated that the hydrated ionic radius of the anion was a critical factor; substitution of the small nitrate ion for chloride
does not lead to an increase in the evoked response amplitude.
The lack of "runaway" activation of spontaneous unit activity
shows that inhibitory and exitatory systems remain in equilibrium. The increased activation of the specific afferent systems
seems to indicate that these are not subject to an equal amount
of intra-cortical inhibition.

Dr. G.E.K. Novotny, Institut für Histologie und Neuroanatomie,
D-3400 Göttingen, Kreuzbergring 36

ÜBER DEN O_2-VERBRAUCH ISOLIERTER NEUREN UND GLIA DER GROSSHIRN-
RINDE DES HUNDES NACH PROLONGIERTER ISCHÄMIE. D.H.Hinzen, U.Mül-
ler, P.Sobotka, R.Lang

Der O_2-Verbrauch von Nerven- und Gliazellen der Großhirnrinde
isolierter Hundeköpfe, die nach Abschluß einer 30 bzw. 60 min
langen kompletten Ischämie bis zu 8 Std über ein Spendertier re-
perfundiert worden waren, wurde in vitro bestimmt. Zur Isolierung
und Anreicherung der Neuren und Glia der Großhirnrinde wurde eine
mechanische Gewebstrennung mit nachfolgender Zentrifugation im
diskontinuierlichen Ficoll-Sucrose-Gradienten angewandt; die
Identifikation und Reinheitskontrolle der Zellen erfolgte histo-
logisch. Nach Inkubation der isolierten Nerven- und Gliazellen in
einem Glucose (0,01 m) enthaltenden Krebs-Henseleit-Puffer (pH
7,4) erfolgte die Messung des O_2-Verbrauchs der Zellen über die
polarographische Bestimmung des pO_2 in der Inkubationslösung.
Ergebnisse: Die Q_{O_2}-Werte (µl O_2-Verbrauch/mg Trockengewebe/Std)
der Nerven- und Gliazellen von Kontrollgehirnen sind mit 5-6 geringer als die Q_{O_2}-Werte von Hirnrindenschnitten (Krebs 1950;
Elliott und Heller 1957); zwischen neuronaler und neuroglialer
Zellfraktion besteht nur ein geringfügiger, statistisch nicht zu
sichernder Unterschied im O_2-Verbrauch. 8 Std nach 30 min kom-
pletter Ischämie entsprechen die Q_{O_2}-Werte beider Zellfraktionen
wieder den jeweiligen Kontrollwerten, während in der 8stündigen
Erholung nach 60 min Ischämie die Ausgangswerte in beiden Zellfraktionen nicht wieder erreicht werden.

Priv.-Doz.Dr.D.H.Hinzen, Institut für Normale und Pathologische
Physiologie der Universität, D 5000 Köln 41, Robert-Kochstr. 39

DIE WIRKUNG VON HOHEN CO_2-KONZENTRATIONEN AUF DEN Na^+- UND
K^+-GEHALT IM LIQUOR CEREBROSPINALIS DER KATZE
U.Schindler u. M.Strohm

Die Beatmung narkotisierter Katzen mit hohen CO_2-Konzentrationen(End-
wert 4o - 6o % CO_2 und 6o - 4o % O_2) führt zu einem isoelektrischen EEG.
Dabei ist das Gewebs-ATP normal oder erhöht. An den postsynaptischen
dendritischen Bereichen treten Schwellungen auf. Pufferung der Acidose
durch Infusion von gesättigten $NaHCO_3$- oder TRIS-Lösungen ändern die
EEG-Reaktionen kaum.
Die Na^+-Konzentration im Liquor steigt bei ungepufferter Hypercapnie gering und bei Pufferung signifikant an. Dabei ist der Anstieg bei der Verwendung von $NaHCO_3$ als Puffer auf die Diffusion von Na^+ durch die Blut-
Hirn-Schranke zurückzuführen. In allen drei Gruppen ist der K^+-Gehalt im
Liquor signifikant erhöht. Die Ergebnisse werden im Hinblick auf einen Zusammenhang zwischen EEG und Elektrolytkonzentrationen im Liquor diskutiert.

Dipl. Biochem. U.Schindler, Dr. M.Strohm, Physiologisches Institut, Lehrstuhl I, 74oo Tübingen, Gmelinstr.5

181

POTENTIAL DIFFERENCE AND SHORT CIRCUIT CURRENT IN ISOLATED
HUMAN CORNEA (Potentialdifferenz und Kurzschlußstrom an der isolierten menschlichen Cornea).

F.Fischer, G.Voigt, O. Liegl and M.Wiederholt

Previous studies on isolated mammalian cornea have for the most part
been performed on rabbit cornea. Data from human cornea have not been
reported. Using a modified Ussing-Zerahn chamber (which keeps edge
damage at a minimum) measurements of potential difference (PD) and
short circuit current (SCC) in isolated rabbit cornea have revealed data
in accord with those reported in the literature. Human cornea was taken
2-4 hrs after death or rapidly after enucleation and carefully mounted in
the chamber. The chamber was perfused at 35° C with a solution adapted
to the ion concentration in the aqueous humor. 1 hr after beginning of the
experiments (n=9) the maximal PD was $3.4^\pm1.6$ (SD)mV and the maximal
SCC $3.7^\pm1.6$ (SD) $\mu A/cm^2$ (surface area of the exposed cornea 0.33 cm^2).
PD and SCC then gradually dropped to zero 5 hrs after beginning of the
experiments. Time course and magnitude of measured data were similar
in cornea taken after death and after enucleation. The polarity of the human cornea (epithelial positive against endothelial side) was opposite to
the polarity of the rabbit cornea. From these results it can be shown
that in isolated human cornea an active transport system for ion(s) exists
which is of different character than the transport system in rabbit cornea.

Authors address: Inst.Klin.Physiologie, Klinikum Steglitz, FU Berlin,
1 Berlin 45 and Augenklinik,Städt.Krankenhs.Neukölln, 1 Berlin 47.

182

MESSUNGEN ZUR NAHREAKTION DER PUPILLE
H. Krueger

1. Jede Änderung der Akkommodationslage bzw. der Konvergenz des
menschlichen Auges ist mit einer Pupillenreaktion verbunden. Die
Pupillenreaktion kann a) nervös, b) mechanisch oder c) sowohl
nervös als auch mechanisch bedingt sein.
2. Andererseits kann dieso Pupillenreaktion über die sphärische
Aberration des dioptrischen Systems des Auges (1D und mehr) die
Akkommodationslage beeinflussen.
Mit einem kontinuierlich aufzeichnenden Akkommodometer und Pu-
pillometer wurden gleichzeitig Akkommodationslage und Pupillenweite registriert. Die Akkommodation wird über eine automatische
Schärfekontrolle eines Retinatestbildes gemessen (Krueger 1968).
Die Pupillenweite wird über zeilenweise Abtastung nach dem Verfahren von Lowenstein und Loewenfeld (1962) bestimmt. Die Versuchspersonen hatten die Aufgabe, einer zwischen 2 Entfernungen
mit unterschiedlicher Frequenz hin und her springenden Fixier-
marke (Punkt:10'⌀) akkommodativ zu folgen. Der Frequenzgang der
Akkommodation un der Pupillenweite wurden gemessen.
Ergebnisse: 1. Die Pupillennahreaktion zeigt mit der schnellen
Kontraktion und der wesentlich langsameren Dilatation einen
ähnlichen Verlauf wie die Lichtreaktion. Die Kontraktion ist gegen die Akkommodation um mehr als 110ms verzögert. Ein mechanischer Anteil wurde auch bei Addition von 10 Messungen nicht gefunden. 2.Die Pupillenweite beeinflußte die Akkommodation nicht.

Dr. H. Krueger, Institut für Arbeitsphysiologie der Technischen
Universität München, D-8000 München 13, Barbarastr. 16

Der Einfluß der Modulationsübertragungsfunktion (MÜF) auf Schär-
fe und Kontrast des Retinabildes bei Rana esculenta
H. Krueger, E.A. Moser
Ein Lichtpunkt von 8,6 min ∅ wird durch die Dioptrik auf die Retina eines immobilisierten Frosches (Flaxedil 1 mg/100 g) abge-
bildet. Das glockenförmige Intensitätsprofil des an der Retina
reflektierten Lichts wird photometriert und daraus die MÜF errechnet. Sie gibt eine vollständige Aussage über die Qualität des
dioptrischen Apparats. Aus dem Verlauf der MÜF lassen sich retinale Intensitätsverteilungen von gebräuchlichen Testzeichen verschiedener Größe berechnen (Kreisscheiben, Kreisringe, Balken,
Doppelbalken, Kanten). Dabei zeigen sich folgende Resultate:
1) Unterhalb einer gewissen Ausdehnung bedeutet bei allen Testzeichen jede Größenänderung des Originals eine Intensitäts-
   änderung im Retinabild
2) Die Halbwertsbreite des glockenförmigen Retinabildes hinrei-
   chend kleiner Testzeichen ist unabhängig von deren Größe
3) Das dioptrische System bevorzugt kleine lineare Strukturen
   (Balken, Doppelbalken) vor rotationssymmetrischen Strukturen
   gleicher Größe
4) Die geometrischen Parameter von Doppelstrukturen (Ringe, Doppelbalken) müssen gewissen Mindestanforderungen genügen, damit das Retinabild die zum Erkennen notwendige zentrale Senke
   besitzt
5) Die Dioptrik des Auges ruft bei genügend kleinen Doppelstrukturen eine Formveränderung im Retinabild hervor

Dr. rer. nat. H. Krueger, Institut für Arbeitsphysiologie der
Technischen Universität, D-8 München 13, Barbarastr. 16/I

KINETICS OF RHODOPSIN BLEACHING IN THE ISOLATED HUMAN RETINA
(Kinetik der Sehpurpurbleichung in der isolierten menschlichen
Netzhaut).   Silvia Bender, Ch. Baumann

Pieces of human retina were isolated from eyes that had to be enu-
cleated because of malign tumours. The retinas were incubated at
$36°C$ in a perfusion chamber which served as the sample cell of a
spectrophotometer. Rhodopsin was identified on the basis of its
difference spectrum. The time course of bleaching was monitored by
recording slow changes of absorbance at 380 and 480 nm. Exposure
of the preparations to intense light of 500 nm was followed by a
rapid but temporary rise of absorbance at 380 nm. At 480 nm, the
absorbance rose for some 140 s; then it fell until after about 15
min. it reached a stable value at this and other wavelengths. The
findings were interpreted in terms of a four parameter model with
five reactants viz. metarhodopsins II and III, opsin,and the all-
trans-isomers of retinal and retinol. Meta II is mostly converted
into meta III but a substantial fraction of it is hydrolysed directly into retinal and opsin. Meta III is also hydrolysed but
more slowly than meta II. Retinal is eventually converted into
retinol. First order rate constants of the four reactions are as
follows: $8.4 \times 10^{-3} s^{-1}$ for the conversion of meta II into meta III;
$4.8 \times 10^{-3} s^{-1}$ for the hydrolysis of meta II; $3.2 \times 10^{-3} s^{-1}$ for the
hydrolysis of meta III; and $5.7 \times 10^{-2} s^{-1}$ for the reduction of
retinal to retinol.

Prof. Dr. Ch. Baumann, W.G. Kerckhoff-Institut der Max-Planck-
Gesellschaft, D-6350 Bad Nauheim, Parkstr. 1

DIE WIRKUNG IONTOPHORETISCH APPLIZIERTEN ACETYLCHOLINS AUF DIE AKTIVI-
TÄT RETINALER GANGLIENZELLEN DER KATZE
EFFECT OF IONTOPHORETICALLY ACETYLCHOLINE UPON THE ACTIVITY OF RETINAL
GANGLION CELLS OF THE CAT

Perwein, J., Straschill, M. (Max-Planck-Institut für Psychiatrie,
München)

Der biochem. Nachweis des Acetylcholins (Ach) in der Retina und seine
retinale Wirkung nach intraarterieller Applikation auf die Ganglienzell-
aktivität weisen auf eine mögliche Transmitterfunktion hin. Deshalb
wurde die spontane und durch Lichtreiz induzierte Aktivität retinaler
Ganglienzellen während iontophoret. Applikation von Ach registriert.
Bei nicht vorbehandelten Tieren wurden etwa 25%, bei mit Eserin vorbehandelten Tieren über 90% der geprüften Ganglienzellen erregt oder gehemmt. Alle durch Ach erregten Neurone erwiesen sich als Off-Zentrum-
Neurone, alle durch Ach gehemmten Neurone waren On-Zentrum-Neurone. Das
Ach wirkte somit wie ein Dunkelreiz. Die durch Ach induzierte Erregung
der Off-Zentrum-Neurone wurde durch Atropin (1 mg i.v.) blockiert und
scheint also an muskarinischen Rezeptoren anzugreifen. Die durch Atropin
nicht beeinflußte Hemmung der On-Zentrum-Neurone wird dagegen möglicherweise durch nikotinische Rezeptoren vermittelt.

ZEITKONSTANTEN RETINALER GANGLIENZELLEN DER KATZE
(Time constants of the cat's retinal ganglion cells)
B. Fischer, H. U. May, H. Rönz

Von 253 On- und Off-Zentrum-Neuronen wurden mit Hilfe von Schwellenreizen die
Zeitkonstanten τ der Feldzentren bestimmt. Die Zeitkonstante ist definiert
durch das Verhältnis der Schwellenleuchtdichten $I_s(T_1)$ und $I_s(T_2)$ bei sehr kur-
zer und sehr langer Reizdauer $(T_1 \ll \tau \ll T_2)$: $\tau = T_1 \cdot I_s(T_1)/I_s(T_2)$. <u>Methodik:</u>
Extrazelluläre Ableitung von Opticusfasern, Reizfläche 15' Ø, Reizdauer
5-500 ms, Wiederholungsfrequenz 1/s, Hintergrundsleuchtdichte 0.5 asb, N_2O-Nar-
kose, Immobilisation durch Flaxedil und Alloferin. <u>Ergebnisse: Mittelwerte:</u>
τ_{on} = 75 ms (40-160 ms), τ_{off} = 125 ms (40-500 ms). Kurze Zeitkonstanten finden
sich häufiger bei zentralen als bei peripheren Feldern. Im Ricco-Bereich der
räumlichen Summation ist τ unabhängig von der verwendeten Reizfläche. Durch
Wahl des geeigneten Intervalls zwischen zwei 5 ms dauernden Reizen gleicher
Leuchtdichte, von denen jeder für sich unterschwellig ist, kann der Zeitverlauf
der Erregung verfolgt werden. Nach Normierung der Zeit- und Leuchtdichtewerte
auf die jeweiligen Zeitkonstanten und Empfindlichkeiten zeigt der interneurona-
le Vergleich, daß sowohl die Doppelreizexperimente als auch die Zeitsummations-
messungen auf eine exponentiell abklingende Impulsreaktion führen. Die Analogie
zwischen räumlicher und zeitlicher Summation bei Schwellenreizen im Feldzentrum
führt zu einem verallgemeinerten Begriff eines <u>räumlich-zeitlichen rezeptiven
Feldes,</u> das durch Mittelpunktsempfindlichkeit, Zentrumsgröße und Zeitkonstante
charakterisiert werden kann. Das auf den Zeitbereich erweiterte Erregbarkeits-
integral beschreibt die Summation bis zum Erreichen der Schwelle und kann daher
zur Berechnung der Latenzzeiten bei überschwelliger Stimulation dienen.

Dr. B. Fischer, Neurologische Universitätsklinik mit Abteilung für Neurophysiologie, D-7800 Freiburg i. Br., Hansastraße 9
Dr. H. U. May, Institut für Biokybernetik und Biomedizinische Technik der Universität, D-7500 Karlsruhe, Kaiserstraße 12

187

EINIGE EIGENSCHAFTEN VON ELEKTRONISCH SIMULIERTEN PERZEPTIVEN EINHEITEN DER VERTEBRATEN-RETINA

R. Eckmiller

Perzeptive Einheiten(PE) sind neuronale Netzwerke mit rezeptiven Feldern als Empfangsfläche und einem Neuron als Ausgang(hier:Ganglienzelle). Mit einem zur Retina-Simulation entwickelten Spezial-Analogrechner (Eckmiller 1971) wurden verschiedene PE s aufgebaut und deren Funktion mit verschiedenen Lichtreizen untersucht. Die zugehörigen rezeptiven Felder waren jeweils konzentrisch und enthielten 7 Rezeptoren im Zentrum und 30 Rezeptoren in der Peripherie. Es wurden Erregbarkeitsgebirge gemessen, die gut mit neurophysiologischen Befunden übereinstimmen. Die Summationseigenschaften verschiedener PE s mit ON- oder OFF-Zentrum wurden mit intermittierend leuchtenden Lichtscheiben bei Veränderung des Scheibendurchmessers gemessen als Funktion der maximalen Impulsrate der Ganglienzelle. Ferner wurde mit Lichtpunkten, die mit variabler Frequenz abwechselnd ins Zentrum und die Peripherie sprangen, untersucht, wie stark sich die maximalen Impulsraten bei den verschiedenen PE s in Abhängigkeit von der Lichtreizsprungfrequenz unterscheiden. Zur weiteren Prüfung der unterschiedlichen Funktion wurden Lichtpunkte zentral und parazentral auf verschiedenen Bahnen über die rezeptiven Felder bewegt.
Die Simulationsergebnisse sind ein Beitrag zur Bestimmung der Struktur und Funktion des retinalen Netzwerkes von Vertebraten.

Dr.-Ing. R. Eckmiller, Physiologisches Institut der Freien Universität Berlin,   D-1000 Berlin 33, Arnimallee 22

188

EIN NEURONENNETZWERK ZUR QUOTIENTENBILDUNG

K. O. Linn

Bei der Untersuchung des sakkadischen Anteils der Augenfolgebewegung fanden G. Vossius und J. Werner einen adaptiven Regelkreis. Ein Charakteristikum dieses Regelkreises ist die Quotientenbildung von Ausgangs- und Fehlergröße. Im folgenden soll dargestellt werden, daß eine Schaltung aus wenigen Neuronen eine solche Quotientenbildung erlaubt.
Ein- und Ausgangsgrößen dieses Neuronennetzwerkes werden beschrieben durch Frequenzen, die definiert sind als der Kehrwert der mittleren Zeit zwischen zwei Aktionspotentialen. Es läßt sich mit Hilfe der BOOLE'schen Algebra zeigen - sofern bestimmte Voraussetzungen erfüllt sind - , daß die Frequenzen der Aktionspotentiale und die Wahrscheinlichkeit für das Auftreten eines Aktionspotentials einander proportional sind.
Untersucht man einfache rückgekoppelte Netzwerke, so findet man, daß sie sich durch gebrochen rationale Funktionen beschreiben lassen. Hieraus ergibt sich ein Beispiel für eine Neuronenverschaltung, bei der die Ausgangsgröße gleich dem Quotienten der beiden Eingangsgrößen ist.

Dipl.-Ing. K. O. Linn, Institut für Biokybernetik und Biomedizinische Technik der Universität, D-7500 Karlsruhe, Kaiserstraße 12

189

EINZELZELLABLEITUNGEN AUS AUGENMUSKELMOTONEURONEN WAEHREND SAKKADEN
UND FIXATIONSPERIODEN BEI WACHEN RHESUSAFFEN.
V. Henn, B. Cohen.

Mikroelektrodenableitungen aus den Oculomotorius- und Abducensker-
nen ergaben verschiedene Typen von Motoneuronen: rein phasische,
die nur während Sakkaden aktiviert sind, rein tonische und gemischt
phasisch-tonische.
Quantitative Berechnungen mehrerer hundert aufeinanderfolgender
spontaner Augenbewegungen und Fixationsperioden an 15 Neuronen
zeigten, dass die Frequenz der Motoneurone die Augenposition nur
mit einer Genauigkeit von $\pm$ 1o^{o} bestimmt. Sehr genau kann jedoch
eine Positionsänderung aus der Frequenzänderung im Vergleich zur
vorausgehenden Fixationsperiode vorausgesagt werden. Ferner besteht eine strenge Korrelation zwischen der Grösse der Positionsänderung (ΔP) während Sakkaden und dem Produkt aus der Dauer der
Sakkade (t) und der begleitenden Frequenzänderung (ΔF). Nach diesen Gleichungen werden die Frequenzen während der Fixationsperioden durch Parameter der vorangegangenen Sakkade determiniert.Trotz
der grossen Unterschiede im phasischen oder tonischen Verhalten
der Motoneurone lassen sich für alle Neurone die auftretenden Parameter damit auf die Dauer der Sakkade und die Frequenzänderung reduzieren. Das bedeutet, dass die neuronale Aktivität während
schneller Augenbewegungen und während Fixationsperioden voneinan-
der abhängig sind und wahrscheinlich eine gemeinsame Ursache haben.

V. Henn, Neurologische Univ.-Klinik Zürich.
B. Cohen, Mt. Sinai School of Medicine, New York.

190

MODIFIKATIONEN DER SIGNALUEBERTRAGUNG IM CORPUS GENICULATUM LAT.
(CGL) DER KATZE DURCH REIZUNG DER FORMATIO RETIC.MESENC.(FR).
Cs. Adorjani, H. Keller, R. v.d.Heydt, H.H. Brunner.
Die Experimente wurden an nicht-narkotisierten und immobilisierten
Katzen durchgeführt. Hauptzellen, Interneurone und Tractusafferen-
zen wurden durch elektrische Reizung des Tract.opt. bzw. des pri-
mär visuellen Cortex identifiziert. Zusammengefasst ergab sich:
1. Nach 2o-25 msec. langen elektrischen Reizserien (2oo Hz) in der
FR kommt es bei spontan aktiven Neuronen nach ca. 5o u. 3oo msec.
zu zwei Erregungsgipfeln mit einer dazwischen liegenden Hemmungs-
periode. 2. CGL-Neurone, deren Lichtreaktion durch Reizung der FR
gehemmt wird, zeigen eine kürzere Gipfellatenz der FR-Primärer-
regung (25-6o msec.) als die Neurone, deren Lichtreaktion durch FR-
Stimulation gebahnt wird (45-15o msec.).Die Interneurone weisen
innerhalb dieses Bereiches die kürzeste Latenzzeit auf. 3. Neurone mit extrafoveal lokalisierten rezeptiven Feldern zeigen einen
stärker ausgeprägten Hemmungseffekt nach FR-Reizung. Sie zeigen
in unterschiedlichen Abständen vom FR-Stimulus-Train meist sowohl
einen Hemmungs- wie einen Bahnungseffekt. 4.Mit präkonditionieren-
dem FR-Train ist die relative Varianz der Lichtantwort signifikant
kleiner als ohne vorausgehende FR-Stimulation. 5. Die FR-Stimulation beeinflusst bei manchen Neuronen die phasische und tonische
Komponente der Lichtreaktion gemeinsam, bei andern selektiv. Bei
den identifizierten Tractus-Fasern wirkt sie nur auf die tonische
Komponente. 6. Die Latenzen der zentralen Lichtreaktion weisen
auch bei maximaler Bahnung oder Hemmung keine wesentliche Veränderung auf. - Cs. Adorjani, Neurologische Univ.-Klinik, Zürich.

191

EINFLUSS VON KÖRPERSTELLUNG AUF ÜBERTRAGUNGS- UND OUTPUTFUNKTION
TEKTALER NEURONE
INFLUENCE OF BODY POSITION UPON THE TRANSFER- AND OUTPUT-FUNCTION OF
NEURONS OF THE CAT'S COLLICULUS SUPERIOR

Rieger, P., Straschill, M. (Max-Planck-Institut für Psychiatrie,München)

Frühere Untersuchungen ergaben, daß fokale elektrische Reizung der Neurone eines bestimmten Ortes im Tektum opticum Blickwendungen auf einen
zugehörigen Ort im Sehraum auslöst, der unabhängig von der Augenstel-
lung vor der Reizung ist. Es stellte sich die Frage, ob diese Konstanz
des Blickortes auch bei Änderung der Körperstellung durch Kippung erhalten bliebe. Deshalb wurden spinal anästh. Katzen um die Längsachse
um 0°, 10° und 20° gekippt, elektrisch mit Mikroelektroden im Tektum
gereizt und der reizinduzierte Blickort mit an einem Kornealspiegel reflektierten Lichtstrahl registriert. Der reizinduzierte Blickort verschob sich in derselben Richtung und etwa um denselben Winkelbetrag, um
den die Katze gedreht wurde. Das bedeutet, daß kein tonischer vestibu-
lärer Input die Erregbarkeit tektaler Neurone moduliert. Dies ließ sich
auch direkt nachweisen, indem Spontanaktivität und Reizantworten einzelner Tektumneurone in Normalstellung und nach Kippung und Drehung der
Katze abgeleitet wurden. Spontanaktivität und durch visuelle Reize aus-
gelöste Reaktionen wurden durch diese dynamischen und statischen vesti-
bulären Reize im Einklang mit obigem Befund nicht merklich beeinflußt.

192

NEURONALE REAKTIONEN IN EINER VISUELLEN ASSOZIATIONSAREA DER KATZE
WÄHREND SPONTANER AUGENBEWEGUNGEN
NEURONAL REACTIONS IN THE CAT'S VISUAL ASSOCIATION AREA DURING SPONTANE-
OUS EYEMOVEMENTS

Schick, F., Straschill, M. (Max-Planck-Institut für Psychiatrie,München)

Bei der Katze liegt im rostralen Teil des gyrus suprasylvius eine visuelle Assoziationsarea, deren Neurone vorwiegend auf bewegte visuelle Reize
richtungsunspezifisch oder -spezifisch reagieren. Die Reizbeantwortungs-
charakteristika dieser Neurone waren mit bewegten Mustern bei immobilisierten Augen untersucht worden. Doch werden retinale Bildverschiebun-
gen stationärer Muster auch durch Augenbewegungen (AB) induziert. Wie
reagieren retinale Bildwanderungen objektiv ruhender Objekte? Zur Beant-
wortung dieser Frage wurde an chron. nicht anästh. Katzen Einzelneuro-
nenaktivität und AB (oculograph.) in totaler Dunkelheit sowie bei stationären und bewegten Mustern registriert. Der größte Teil der untersuchten Neurone reagierte auf visuelle Reize in der eingangs beschriebenen
Weise. Auf Grund der zeitlichen Beziehung zwischen neuronaler Aktivität
und AB bei stationären Mustern ließen sich drei Reaktionstypen unterscheiden. Typ I (60%) beantwortete Objektbewegung und retinale Bildver-
schiebung in gleicher Weise. Die Entladung folgte der AB nach einer Latenz von $\geq$40 msec. Typ II (13%) entlud nach kürzerer Latenz (0-20 msec).
Typ III (27%) entlud nicht oder unabhängig von den AB bei stationären
Mustern. Nur wenige Neurone von Typ I oder II entluden auch während totaler Dunkelheit synchron mit AB. Typ I gleicht somit dem beim Affen in
der primären Sehrinde und bei der Katze im Tektum opticum häufigen Reaktionstyp. Typ III entspricht einem Reaktionstyp, der bei der Katze in
der area striata vorherrscht.Typ II könnte wegen seiner kurzen Latenz
Übertragungsglied der Efferenzkopie (corollary discharge) sein.

193

THE FUNCTION OF SINGLE CELLS OF THE MONKEY VISUAL CORTEX
IN VISUAL STABILIZATION
(Die Funktion einzelner Zellen der Hirnrinde des Affen bei der visuellen
Stabilisation)
B. Bridgeman (Stanford University, Dept. of Psychiatry, Neuropsychology)

Single cell responses were recorded from the primary visual cortex in
three awake monkeys trained to visually follow a slowly moving target.
During following, receptive fields were mapped with a stimulus fixed to a
screen so that its image would sweep across the monkey's retina but not
across the visual world. The same cells were also mapped with a stimulus
which presented both motion across the retina and motion across the background; 39% of the cells responded only to stimuli moving relative to the
background. This response pattern can differentiate translation of the
retinal image during eye movement from motion of objects in the world.
A similar result was obtained with another method, comparing maps made
with the fixed stimulus during following with maps of the same cells made
by a spot scanning the stimulus screen during anesthesia. Other mapping
showed that the monkey, unlike the crayfish, has no receptive fields which
respond specifically to stimuli in a given region of the visual world regardless of eye position. A simple neuronal model (recurrent lateral inhibition
among cells sensitive to similar speeds and directions of motion) can
account for these and other results.

Dr. B. Bridgeman, Physiologisches Institut, Freie Universität
1 Berlin 33, Arnimallee 22

194

VISUAL PERCEPTION OF LENGTH: STIMULUS DURATION AND INFORMATION
TRANSMISSION (VISUELLE LÄNGENWAHRNEHMUNG: DARBIETUNGSZEIT UND IN-
FORMATIONSÜBERTRAGUNG)
D.Bechinger, G.Kongehl, H.H.Kornhuber and C.Walther

In the perception of length, information transmission increases
with duration of stimuli. One identical series of 570 randomized
stimuli (57 stimulus categories, horizontal lines of o.2 - 55 cm
length at a distance of 75 cm) was presented to 5 subjects for
1/6o, 1/30, 1/15, 1/8, 1/4, 1/2, 1 s or infinite duration. Appa-
ratus see 1). Information transmission, computed from the responses, is constant with stimulus durations from 1/60 to 1/8 s;
it significantly increases in the range 1/8 to 1 s; an increase
from 1 s to infinite duration is insignificant. Constancy of
information transmission up to 1/8 s is probably due to the presence of an afterimage. The increase between 1/8 and 1/4 s can be
explained by eye movement; the latency for the first saccade is
about 200 ms. The total increase, however, is small: from 1/60 s
to 1/4 s 5%, from 1/60 to infinite duration 10%. Average information transmission with infinite duration is 3.8 bit/stimulus,
with the best subject 4.2 bit/stimulus. - Perceived length as
well increases with duration of presentation. The same line is
estimated to be longer with greater than with briefer durations.
The average difference is 6 - 10%.

1) D.Bechinger, G.Kongehl, H.H.Kornhuber: Arch.Psychiat.Nervenkr.
215, 1972

Sekt.Neurophysiol. d. Universität, 79 Ulm, Parkstraße 11

195

METACONTRAST AND THE PERCEPTION OF THE VISUAL WORLD
(Metakontrast und visuelle Wahrnehmung)
O.-J.GRÜSSER , Dept. Physiology, Berlin and Bascom Palmer Eye Inst. Miami

In psychophysical experiments the suppression of the perception of a short
light stimulus or the reduction of its brightness can be induced by a second
short stimulus, projected a few msec later in the immediate vicinity of the
firts (metacontrast[1]). Metacontrast is reduced by dark adaptation and dis-
appears when the stimuli are near threshold. The angular velocity of the
eyeballs during voluntary saccades reaches 8o to 4oo deg.·sec^{-1}. During the
fast parts of the saccades the contours of a structured pattern are not perceived because the stimulation of the photoreceptors results in an intermit-
tent stimulation at a frequency higher than the flicker fusion frequency. During
the last 5 to 1o msec of the saccade, however, the image moves slowly
across the receptor mosaic and should produce a "smeared image" of the
visual world. The pattern which stimulates the retina immediately after a
saccade, probably suppresses this smeared image by metacontrast. Hence,
metacontrast improves the perception of a well-structured visual world and
contributes to the perceptual stability of the visual world. It is shown by
microelectrode recordings from single fibers of the cat's optic tract that
the spatio-temporal properties of the retinal neuronal network are essential
factors for the development of metacontrast[2].
(1)Stigler,R.,Pflügers Arch. **134**, 365 (191o), (2)Grüsser,O.-J.,Petersen,
A.,Sasowski,R., Pflügers Arch. Physiol. **283**, R 5o (1965)
Prof.Dr.O.-J.Grüsser, Physiologisches Institut, Freie Universität Berlin,
1 Berlin 33, Arnimallee 22

196

PERCEPTION OF SELF-ROTATION (CIRCULAR-VECTION) INDUCED BY OPTOKINETIC STIMULI
   (Optokinetisch induzierte Eigenbewegungsempfindung, Circularvektion)
Th.Brandt, J.Dichgans, E.Koenig
Visual-vestibular interaction was studied using a chair surrounded by a rota-
ting cylindrical drum (optokin.stim.): a) Circular motion of the entire surroundings invariably leads to circular-vection (CV)^{1,3} b) CV reaches its max.
after a few seconds. c) CV outlasts the optokin.stim. by up to 3o seconds 2.
d) Even with high drum accelerations (15°/sec^{2}) stationary subjects perceive
themselves accelerated. Therefore, CV is not suppressed by evaluation of vesti-
bular information. e) Sinusoidal pendular drum rotation results in perceived
pendular-vection with an overswing at the turning point and a phase lag. f)Til-
ting of the head during drum rotation and CV produces pseudocoriolis-effects
and motion sickness ^{1}. g) CV is not abolished by masking the central retina
by stationary black disks extending up to 12o^{o} of diameter. h) Optokin.stim.
of central retinal parts extending up to 6o^{o} fails to induce CV. i) CV can
be generated by peripheral stimulus during simultaneous exposure of the central
retina (3o^{o}) to an optokin.stim. in the opposite direction (although the direction of optokinetic nystagmus is determined by the central stimulus). Optokinetic induced perception of bodily motion and maintenance of space are therefore a function of the peripheral retina, whereas the central retina special-
ly serves visual grasping and the fixation and tracking of objects moving relative to the surroundings.

Lit.: 1.Brandt,Th., E.Wist, J.Dichgans: Arch.Psychiat.Nervenkr. 214, 365-389
(1971) 2.Brandt,Th., J.Dichgans: Albrecht v. Graefes Arch. klin.exp.Ophthal.1972
(in press) 3. Dichgans, J., Th.Brandt: In: J.Dichgans, E.Bizzi (Eds) Cerebral
control of eye movements and motion perception.Basel-New York: Karger 1972

Neurol.Univ.-Klinik mit Abt.f.Neurophysiologie, D-78 Freiburg, Hansastraße 9

BLOCKING OF THE EFFERENT ENDINGS IN THE CAT'S COCHLEA
N.Galley, R.Klinke, M.Pause, W.H.Storch

Whether acetylcholine acts as neurotransmitter in the inhibitory
effect of the crossed Olivo-Cochlear Bundle (COCB) stimulation is
still controversial (1,2). In a first step we tested agents which
normally block cholinergic transmission: succinylcholine, d-tubocurarine, gallamine (3), hemicholinium-3, atropine. Further tetanus toxin was used. Strychnine served as a control. The agents
were instilled in the scala tympani. COCB stimulation normally
leads to a N_1-depression of the click evoked compound action potential. This effect is blocked by strychnine, gallamine and d-tubocurarine when instilled in concentration of $1o^{-5}$ M. Hemicho-
linium-3 and succinylcholine act in the same way but in concentration higher than $1o^{-4}$ M. A mimicking effect of succinylcholine,
which could be expected if acetylcholine acts as transmitter was
not observed. Atropine acts in concentration of $1o^{-4}$ M.
As d-tubocurarine and gallamine don't act in this way in i.v.-
application the existence of a blood-perilymph barrier for these
agents is assumed. Heparine opens this barrier and makes possible
the effectiveness of i.v.-applied agents.

(1) Bobbin,R.P. and Konishi,T., Nature 231, 222-223 (1971)
(2) Katsuki,Y. et al., Nature 2o7, 32-34 (1965)
(3) Galley,N. et al., Pflügers Arch. 33o, 1-4 (1971)
This investigation was supported by the Deutsche Forschungsgemeinschaft (Kl 219).
Authors' address: Physiologisches Institut der Freien Universität
Berlin, D 1 Berlin 33, Arnimallee 22

INFERIOR COLLICULUS: CONNECTING LINK OF AUDITORY AND PHONATORY SYSTEM ? (Colliculus inferior: Verbindungsglied von Hörbahn und Phonationssystem?)
E.Dunker, D.v.Rehren and D.Wachsmuth

In dogs and cats single unit responses were found after stimulation of the laryngeal nerves in the superior olivary complex,
inferior colliculus and formatio reticularis of the brain stem.
All these neurons responded better or exclusively to stimulation
of the contralateral superior laryngeal nerve. During stimulation of the recurrent nerve, responses were only evoked in the
contralateral inferior colliculus. If there had been responses
to superior laryngeal and recurrent nerve stimulation, they both
were evoked in the same neuron. In few cases the latency time of
the single unit responses to superior laryngeal nerve stimulation was prolonged by appr.10 msec during inspiration.
During stimulation of the ear with tones of 0.1-20 kHz only in
the inferior colliculus the single unit responses to laryngeal
nerve stimulation (latency time 20-30 msec) were partially to
completely suppressed. For this inhibition high tone intensities
of 80-100 dB were required. Certain frequencies showed the
strongest inhibition effect on responses evoked by laryngeal
nerve stimulation. A few of the responses in the inferior colliculus were only suppressed for 200-400 msec after switching the
tone on and off.

Prof.Dr.E.Dunker, Physiologisches Institut der Universität,
D-2000 Hamburg 20, Martinistraße 52

199
ELECTRICALLY ELICITED VOCALIZATIONS IN THE GIBBON, HYLOBATES LAR
(HYLOBATIDAE).
Elektrisch hervorgerufene Lautäußerungen des Gibbons Hylobates
lar (Hylobatidae).
<u>Raimund Apfelbach</u>, Universität Regensburg, Fachbereich Biologie.

Various spontaneously occuring vocalizations were recorded from
16 adult and juvenile gibbons and analyzed with regard to physical characteristics and behavioral significance. Special atten-
tion was given to the duet-song of adults. Stainless steel guides
were stereotaxically implanted into the skulls of two adult $\delta\delta$
and an adult ♀ for purposes of brain exploration. Nearly 2000
intro-cerebral points were stimulated in each animal. Each point
was stimulated for 1 - 3 sec at 0.2 - 2.5 mA until an aggressive
response, inhibition behavior, vocalization, or a motor reaction
was observed. At some points, an electrode was permanently fixed
in place for the chronic application of repeated stimulations,
occasionally via radio in unrestrained, freely behaving animals.
In the restrained and unrestrained animals, electrical stimulation of the brain (ESB) was produced with cathodal constant
current, monopolar recangular pulses of 0.5 msec duration at 100
Hz. ESB intensity was monitored by oscilloscope.
Contact calls, indistinguishable from spontaneously occuring
ones, were elicited by ESB in the substantia grisea centralis
(A 10); calls to synchronize the behavior of mated partners for
duetsinging were elicited in the ventral hippocampus (A 0); hoots
were elicited in the substantia grisea centralis (A 5-0); and
alarm calls were elicited in the ventral hypothalamus (A 10).
Duet-singing or connected parts of a duet-song could not be elicited.

200
MENSCHLICHE HIRNPOTENTIALE VOR DEM SPRECHEN (HUMAN CEREBRAL PO-
TENTIALS PRECEEDING LANGUAGE PRODUCTION)
B.Grözinger, H.H.Kornhuber, J.Kriebel und K.Murata

Bei Vokalisation und bei artikulatorischen und mimischen Kontrollbewegungen ohne Phonation wurden die der Willkürbewegung voran-
gehenden Hirnpotentiale sowie Elektrookulogramm, EMG des M.orbic.
oris, Kehlkopfphonogramm und Atmung mittels Rückwärtsanalyse (1)
von je 250 Bewegungen mit PDP 12 untersucht.- Im Gegensatz zu den
Hirnpotentialen vor Hand- und Augenbewegungen finden sich vor Vokalisation über mehrere Sekunden wellenförmige Hirnpotentiale,
die mit der Atmung korreliert sind; ihr Auftreten unter den bewe-
gungsbedingten Hirnpotentialen beruht auf der Koordination von
Vokalisation und Atmung. Ferner tritt vor Vokalisation sowie vor
artikulatorischen und mimischen Kontrollbewegungen ein Bereit-
schaftspotential ähnlich dem vor Handbewegungen (1) auf. Im Unterschied zu Hand- und Augenbewegungen zeigen Hirnpotentiale vor Vokalisation schon 1 s vor Bewegungsbeginn starke Seitendifferenzen,
entsprechend der Hemisphärendominanz.Bei einem früheren Versuch(2),
Hirnpotentiale vor dem Sprechen zu analysieren, wurden die nach
Bewegungsbeginn auftretenden reafferenten evoked potentials ab-
gebildet und für Bereitschaftspotentiale gehalten, weil die Analyse zu spät (mit einem Mikrophon vor dem Mund)getriggert worden
war.

1) H.H.Kornhuber, L.Deecke: Pflügers Arch. Physiol. <u>284</u>,1(1965)
2) D.W.McAdam, H.A.Whitaker: Science <u>172</u>,499(1971)

Sektion Neurophysiologie d. Universität, 79 Ulm, Parkstr.11

201

EFFECTS OF SPINAL CORD LESIONS ON CLIMBING FIBRE-MEDIATED PUR-
KINJECELL INHIBITION IN DEITERS' NUCLEUS.
(Effekte spinaler Läsionen auf die kletterfasergeleitete Purkin-
jezellhemmung im Deiters'schen Kern)
R. Teichmann, H. Scherer and G. ten Bruggencate

Previous reports on ascending, cerebellar-mediated activity in
Deiters' nucleus describe two kinds of inhibitory patterns (ten
Bruggencate et al., Pflügers Arch. 319, R 138, 1970; Brain Res.
25, 207, 1971). They include mossy and climbing fibre (CF) paths,
respectively, and are accompanied by positive field potentials.
Effect of spinal cord lesions (L_1) on the CF-mediated component
of the positive field potential was studied. Results: 1) Ascending paths responsible for CF-mediated responses generally agree
with OSCARSSONS' figures (Neurobiol. Cerebell. Evol. Developm.
Llinás Ed., A.M.A. 1969). 2) Hemisection of the contralateral
cord increased the amplitude of the CF-response evoked by stimulation of ipsilateral nerves. The effect was absent in cats
with chronic VSCT-section in the upper peduncle. 3) An ipsilateral lesion (dorsolateral funiculus, DSCT??) increased the CF-
response evoked from contralateral nerves.
The preliminary results indicate tonic influences (possibly of
mossy fibre origin) on the CF-mediated Purkinje cell inhibition
in Deiters' nucleus which is differently organized in respect
to ipsi- and contralateral hindlimbs.

Priv.-Doz. Dr. G. ten Bruggencate, Physiol. Institut der Universität München, D-8000 München 2, Pettenkoferstr. 12

202

ANTIDROME UND SYNAPTISCHE AKTIVIERUNG VON VESTIBULARISNEURONEN DES
FROSCHES DURCH REIZUNG DES NERVUS VESTIBULARIS
W. Precht, A. Richter, S. Ozawa

Bei curarisierten Fröschen wurde von Vestibularisneuronen intracellulär
abgeleitet. Der ipsilaterale N. vestibularis (Vi) wurde intralabyrinthär
gereizt. Durch Vi-Reiz entsteht in den Vestibulariskernen ein typisches
Feldpotential, das sich aus einer triphasischen Komponente (p-Welle) und
einem langsamen Potential (N-Welle) zusammensetzt. Die p-Welle entsteht
durch die Summe der Aktionsströme der Vestibularisfasern und der efferenten Neurone. Die N-Welle repräsentiert die erregenden synaptischen und
Aktionsströme, die in den Sekundärneuronen erzeugt werden. Leitet man
intrazellulär von Neuronen im Bereich dieses Feldpotentials ab, so finden
sich zwei Gruppen von Zellen. Eine Gruppe, vorwiegend im lateralen Kern-
anteil gelegen, zeigt nach Vi-Reiz ein frühes Aktionspotential (0,3-0,8
msec), dem EPSPs folgen . Das Aktionspotential entsteht durch antidrome
Aktivierung über efferente Fasern, die zum Sinnesepithel ziehen. Somit
beteiligen sich Vestibularisneurone an der efferenten Innervation. Die
zweite Gruppe von Zellen zeigt auch bei maximalem Reiz keine antidrome
Aktivierung, sondern nur mono- und polysynaptische EPSPs (1,4-2,8 msec).
Fast alle Zellen zeigen nach Vi-Reiz partielle Spikes verschiedener Amplituden, die aber keine direkte Beziehung zu den Amplituden der EPSPs
haben. Sie können auch spontan auftreten. Es handelt sich dabei um Potentiale, die in den Dendriten entstehen.

Priv.-Doz.Dr.W.Precht, Max-Planck-Institut für Hirnforschung, Frankfurt/M.

203
ELEKTROTONISCHE KOPPLUNG ZWISCHEN VESTIBULARISNEURONEN DES FROSCHES
A. Richter, S. Ozawa, W. Precht

Bei elektrischer Reizung des Rückenmarks kann in den Vestibulariskernneu-
ronen des Frosches neben antidrom ausgelösten Aktionspotentialen und
erregenden postsynaptischen Potentialen ein weiterer Potentialtyp abgeleitet werden: Die Latenz dieser Potentiale entspricht etwa der der anti-
dromen Antwort, und ihre Verteilung spiegelt offensichtlich die unterschiedlichen Leitungsgeschwindigkeiten der Axone des Vestibulospinaltrak-
tes wider (6-17 m/sec). Die Potentiale haben Alles-oder-Nichts-Charakter,
wobei in Abhängigkeit von der Reizstärke mehrere Komponenten zu beobachten sind. Eine genügend große Reizstärke und damit genügend große Poten-
tialkomponente löst stets ein volles Aktionspotential des Neurons aus.
Hyperpolarisation des Neurons blockiert einzelne Potentialkomponenten.
Folgt der Rückenmarksreiz einem durch direkte Reizung des Neurons ausge-
löstem Aktionspotential, so kann das Potential für eine bestimmte Zeit
ausfallen; ebenso verhält es sich bei Doppelreiz. Es wird angenommen,
daß es sich bei diesen frühen Potentialen um dendritische Spikes handelt,
die durch elektrotonische Kopplung zwischen Dendriten benachbarter
Neurone zustandekommen. Diese Annahme wird durch die Tatsache gestützt,
daß diese Potentiale durch eine orthodrome Reizung des N. VIII gebahnt
werden.

Dr. A. Richter, Neurobiologische Abteilung, Max-Planck-Institut für
Hirnforschung, D-6000 Frankfurt/M., Deutschordenstraße 46

204
FEHLEN DER CONTRALATERALEN HEMMUNG BEI ZENTRALEN VESTIBULARISNEURONEN DES HORIZONTALEN BOGENGANGS DES FROSCHES
S. Ozawa, H. Shimazu, W. Precht

Einzelzellentladungen wurden von Neuronen im Vestibulariskern des
curarisierten Frosches bei natürlicher und elektrischer Reizung der
Labyrinthe mit Glasmikroelektroden registriert. Typ 1 Neuronen, die
durch ipsilaterale horizontale Winkelbeschleunigung aktiviert und während contralateraler Winkelbeschleunigung gehemmt sind, fanden sich
hauptsächlich im medialen Bereich des ventralen Vestibulariskerns. Im
Gegensatz zu den Typ 1 Neuronen der Katze, wurden diese Neurone beim
Frosch durch elektrische Reizung des contralateralen Vestibularisnerven
nicht gehemmt, sondern, unabhängig von der Reizstärke, ausschließlich
erregt. Zusätzlich wurden im selben Kerngebiet intrazelluläre Ableitungen durchgeführt. Zellen, die durch Reizung des ipsilateralen Vestibularisnerven monosynaptisch erregt wurden, zeigten bei contralateraler
Reizung polysynaptische EPSPs, deren Latenzen 5.0-10.0 msec betrugen.
IPSPs wurden in keinem Falle registriert. In vielen Zellen waren die
Amplituden der EPSPs so klein und die Anstiegszeiten so lang, daß su-
pramaximale Einzelreize keine Aktionspotentiale erzeugten. Im Zusammenhang mit den EPSPs zeigten viele Zellen jedoch partielle Aktionspotentiale (dendritische Spikes). Aufgrund dieser zwei Tatsachen wird vorgeschlagen, daß die EPSPs vorwiegend in Dendriten entstehen.

Dr. S. Ozawa, Max-Planck-Institut für Hirnforschung, Neurobiologische
Abteilung, D-6000 Frankfurt/M., Deutschordenstraße 46

205

MODIFICATION BY TEMPERATURE OF THE RESPONSES OF CUTANEOUS MECHANO-
RECEPTORS +
(Temperaturabhängigkeit der Entladungen cutaner Mechanorezeptoren)
<u>M. Sassen, M. Zimmermann</u>
Single unit experiments were performed on slowly adapting mechano-
receptors of the cat's footpad (SA-receptors, c.f. Jänig, Schmidt
and Zimmermann, Exp.Brain Res. <u>6</u>, 1oo, 1968) in order to evalute
the possibility that these receptors transmit information on the
temperature of the ground. Thus far no specific thermoreceptors
have been found in this hairless skin area. Pressure stimuli 12
seconds in duration were delivered in 1 minute intervals, the
stimulator alternately being at a fixed "adapting" temperature
or at a variable "testing" temperature. A large part of the SA-
receptors exhibited an increase in the steady state response upon
a pressure stimulus at increasing temperature up to about $3o^{\circ}$ C.
A second group of SA-receptors had responses which were independent in the temperature of the mechano-stimulator. These mechano-
receptors therefore might transmit simultaneously information on
both the pressure intensity and the temperature acting upon the
skin. From our results it was evaluated that deviations by about
8° C from the adapting temperature could be discerned in the
responses of single units. These discrimination thresholds are in
good agreement with those found in behavioural experiments
(Kenshalo, Duncan and Weymark, J. Comp.Physiol.Psychol.<u>63</u>,133,1967)
+ Supported by the Deutsche Forschungsgemeinschaft

II. Physiologisches Institut der Universität
D-69oo Heidelberg, Bergheimer Strasse 147

206

DORSAL ROOT POTENTIALS EVOKED BY AFFERENT VOLLEYS IN CUTANEOUS
THIN MYELINATED FIBRES (GROUP III).
(Hinterwurzelpotentiale nach Reizung dünner markhaltiger (Gruppe
III) Hautafferenzen). <u>M. Gregor, M. Zimmermann.</u>
A dorsal root potential (DRP) signals presynaptic depolarization,
the electrophysiological correlate of presynaptic inhibition of
spinal cord afferents. The present experiments were designed to
record DRPs following selective stimulation of cutaneous Group III
fibres in the sural nerve. In order to avoid masking by the
preceding impulses in the thick myelinated axons (Group II) these
fibres were blocked by transient depolarizing currents applied to
the nerve. Results:
1. A pure Group III volley generated a dorsal root potenial
(III-DRP) in decerebrated cats.
2. The polarity of the III-DRP corresponds to a depolarization of
the intraspinal nerve endings.
3. The occurrence and the polarity of the III-DRP was not dependent on wether the spinal cord was or was not transected at a
cervical or lumbar level.
4. Following barbiturate injections no fundamental alterations of
the III-DRP occurred, except an increase in the duration.
5. Thus neither cutaneous Group III nor Group IV (C) fibres (Jänig,
W., Zimmermann, M.: J. Physiol (Lond.) <u>214</u>, 29,1971) produce presynaptic hyperpolarization as had been stated previously (Mendell,
L.M., Wall, P.D.: J. Physiol. (Lond.) <u>172</u>, 274, 1964).
Supported by the Deutsche Forschungsgemeinschaft
II. Physiologisches Institut der Universität
69oo Heidelberg, Bergheimer Strasse 147

207

KLETTERFASERAKTIVITÄT DURCH MECHANISCHE HAUTREIZE: MODIFIKATION
DURCH PERIPHERE UND CORTICOFUGALE EINFLÜSSE
<u>R. Leicht, M.J. Rowe und R.F. Schmidt</u>

Kletterfasern (KF) scheinen vorwiegend phasische Komponenten mechanischer Hautreize zu übertragen, während Moosfasern phasiche
und tonische Parameter ins Kleinhirn übermitteln (Eccles et al.
Brain Research <u>30</u>, 419, 1971). Die hier untersuchte Beeinflussung
der durch mechanische Hautreize evozierten KF-Aktivität dient der
genaueren Bestimmung der Übertragungscharakteristika des KF-Sy-
stems. An Nembutal-narkotisierten Katzen wurde von Purkynĕzellen
(PZ) des Lobus ant. extracellulär abgeleitet. Bei PZ, die nach
Reizung der Nn. ischiad. und/oder der Nn. rad. superfic. KF-Entla-
dungen zeigten, wurde mit mechanischen Reizen (Fußsohlen, Haar-
haut) die durch das KF-System übertragenen Reizparameter und die
rezeptiven Felder bestimmt. Reizung des kontralat. sens.-motor.
Cortex, die selbst keine KF-Aktivität auslöste, führte in einigen
PZ zu völliger oder fast völliger Hemmung der KF-Testaktivität.
Das Maximum der Hemmung lag bei einem Kond.-Test-Intervall von
30-60 msec, Gesamtdauer 150-200 msec. Mechanische Hautreize außerhalb des rezeptiven Feldes, ebenso wie elektrische Reizung peripherer Nerven, können auch zur Hemmung der mechanisch induzierten
KF-Aktivität führen. Diese Hemmung ist meist weniger ausgeprägt
als die von zentral kommende. Bahnung der KF-Aktivität wird we-
sentlich seltener beobachtet als Hemmung. Der Angriffspunkt der
Hemmung kann entweder in der Kleinhirnrinde (über eine Hemmung der
PZ) oder außerhalb der Kleinhirnrinde (Hinterstrangkerne, untere
Olive) liegen. Dies wird gegenwärtig untersucht.

Physiolog. Inst. der Univ., 2300 Kiel, Olshausenstraße 40/60

208

RESPONSES OF CORTICAL NEURONES UPON NATURAL STIMULATION OF HAIR
FOLLICLE RECEPTORS OF THE CAT'S FOREPAW +
(Entladungen corticaler Neurone der Katze bei Reizung von Haar-
follikelrezeptoren). <u>H.O. Handwerker, M. Sassen.</u>
Cutaneous fields of 3 - 5 sq.mm were stimulated at the dorsum of
the left forepaw with short distinct air jets. Recordings from
afferent nerve fibres revealed, that hair follicle receptors with
thick (Group II) and with thin (Group III) myelinated fibres were
excited by these stimuli, Group III receptors being more sensitive.
4o% of the neurones in the contralateral cortical S I area which
were driven by electrical stimulation of the corresponding cutaneous nerve, could be excited by natural hair stimulation too
under Nembutal (R) anaesthesia. Selective blocking of the Group II
fibres was performed in order to evaluate whether Group III receptors were relevant for the excitation of the cortical neurones.
Two groups of neurones could be discerned: (1) 9o% received afferent input from both Group II and Group III receptors, but the
Group III impulses were suppressed by the preceeding Group II
activity. The masking failed in a part of these units at weak
stimulation. (2) 1o% of the units were excited by Group II impulses followed by a Group III excitation. One meaning of the Group
III representation in the S I cortex might be the detection of
very weak hair stimulation.

+ Supported by the Deutsche Forschungsgemeinschaft

II. Physiologisches Institut der Universität
D-69oo Heidelberg, Bergheimer Strasse 147

AV-LERNPROGRAMM IM MEDIENVERBUND ZUM THEMA VENTILATION. <u>J. Dahmer</u>
Die Arbeitsgruppe Didaktik der Medizin hat gemeinsam mit dem Physiologischen Institut der MHH ein erstes Lernprogramm im Medienverbund entwickelt. Dabei werden eingesetzt: I. Schriftliches Arbeitsmaterial zum Thema Physiologie der Ventilation, das über Lernmaschine angeboten werden soll, II. AV-Versuchsanweisung für die volumetrische Gasanalyse, III. Dozenten für die abschließende Gruppendiskussion. Die Programmerstellung erfolgte in Kooperation: Studenten halfen bei der Ausarbeitung der Lerntexte und der Erfolgskontrollen, Assistenten bei der didaktischen Aufbereitung des Stoffes, der Atmungsphysiologe H. Bartels beteiligte sich aktiv an der Planung und Durchführung des Gesamtprogramms. Ziele des Lernprogramms sind Steigerung des Lernerfolgs, selbständige und zeitlich unabhängige Durchführung und sinvollerer Einsatz von Lehrkräften und Räumen (Kapazitätssteigerung).
Besonderes Anliegen ist die unterrichtswissenschaftliche Messung des Lernerfolgs mit der Frage, ob das AV-Lernprogramm im Medienverbund lernwirksamer als das herkömmliche Verfahren ist. Die Sicherung des Methodenvergleichs erfolgt mit psychologischen Testverfahren, Kovarianzberechnungen und der Einteilung der Vpn in Twin-Groups.
Das Programm·soll als Modell dienen zur gemeinsamen Definition von Lernzielen und arbeitsteiligen Entwicklung von Lernprogrammen für das physiologische Praktikum in der Bundesrepublik. Der Vergleich des Dozenten-Zeitaufwandes für das herkömmliche Verfahren und für das Lernprogramm läßt Rationalisierungsmöglichkeiten und damit die hochschulpolitische Bedeutung von Lernprogrammen im Medienverbund für die vorklinische Ausbildung erkennen.

PD Dr. Dr. J. Dahmer, Arbeitsgruppe Didaktik der Medizin, Medizinische Hochschule Hannover, 3 Hannover-Kleefeld, Bissendorfer Straße 11.